国家林业和草原局普通高等教育"十四五"规划教材

牧草及饲料作物栽培学实践指导

龙明秀　王建光　主编

中国林业出版社
China Forestry Publishing House

国家林业和草原局草原管理司　支持出版

内 容 简 介

本教材由实验实习须知、实验和实习三部分组成。实验部分包括10个实验，涵盖了5个基础性实验、3个设计性实验和2个应用性实验；实习部分包括20个实习，涵盖了整地、播种、田间管理等栽培作业的全部过程，以及测土配方施肥、节水灌溉、牧草及饲料作物形态识别和生长发育观测等。

本教材内容设置既考虑了知识体系的完整性，也注重课程内容的合理性和创新性，思政特色明显，通过实验实习提高学生的实践动手能力、创新思维意识和团队协作能力。另外，本教材配套部分数字资源方便学生拓展学习。作为草业科学专业核心课牧草及饲料作物栽培学的配套实践教材，本教材适用于动物科学专业饲草生产类课程，也可作为草业科学相关科研人员和一线生产技术人员的参考书。

图书在版编目（CIP）数据

牧草及饲料作物栽培学实践指导／龙明秀，王建光主编．— 北京：中国林业出版社，2024.9．—（国家林业和草原局普通高等教育"十四五"规划教材）．
ISBN 978-7-5219-2846-4

Ⅰ.S54

中国国家版本馆CIP数据核字第2024ES2217号

策划编辑：李树梅　高红岩
责任编辑：李树梅
责任校对：苏　梅
封面设计：睿思视界视觉设计

出版发行：中国林业出版社
　　　　　（100009，北京市西城区刘海胡同7号，电话83143531）
电子邮箱：jiaocaipublic@163.com
网　址：https：//www.cfph.net
印　刷：北京中科印刷有限公司
版　次：2024年9月第1版
印　次：2024年9月第1次
开　本：787mm×1092mm　1/16
印　张：10.5
字　数：240千字
定　价：35.00元

《牧草及饲料作物栽培学实践指导》编写人员

主　编　龙明秀　王建光
副主编　南丽丽　闫艳红
编　者　(按姓氏笔画排序)
　　　　　王建光(内蒙古农业大学)
　　　　　尤　泳(中国农业大学)
　　　　　尹国丽(甘肃农业大学)
　　　　　龙明秀(西北农林科技大学)
　　　　　田莉华(西南民族大学)
　　　　　闫艳红(四川农业大学)
　　　　　孙娈姿(西北农林科技大学)
　　　　　杨　轩(山西农业大学)
　　　　　吴婷婷(西北农林科技大学)
　　　　　何学青(西北农林科技大学)
　　　　　何树斌(西北农林科技大学)
　　　　　张运龙(中国农业大学)
　　　　　张志新(西北农林科技大学)
　　　　　南丽丽(甘肃农业大学)
　　　　　姬便便(西北农林科技大学)
　　　　　韩　博(云南农业大学)
　　　　　谢开云(新疆农业大学)
主　审　师尚礼(甘肃农业大学)

前　言

牧草及饲料作物栽培学是草业科学专业的核心专业课，也是一门应用性和实践性都很强的课程。为进一步夯实专业理论、强化实践技能，我们邀请来自国内 9 家兄弟院校具有丰富教育教学经验的专家共同编写了这本配套实践教材。

本教材具有以下特色：一是内容更丰富。全书包括 10 个实验和 20 个实习，与以往同类实践教材相比，本教材新增了牧草及饲料作物机械化栽培观摩、人工草地环境因子的物联网测量、牧草种植综合效益评价 3 个内容，其中栽培观摩实习内容借助互联网技术可以打破实习地域和条件限制，拓展国际视野，学生足不出户也能了解现代草业的发展前沿；人工草地环境因子的物联网测量借助最新的信息技术，学生通过应用小程序开发初步体验人工草地的智能化管理，培养学生的创新思维，建立对新质生产力的初步认识，激发专业兴趣；通过牧草种植综合效益评价让理论学习与产业结合，更紧密突出应用价值。二是思政特色。本教材注重思政元素的融入，厚植专业情怀，为培养理论基础扎实、实践技能过硬和综合素质优秀的现代草牧业后备人才夯实专业基础。三是形式更新颖。以纸质教材为核心，辅以数字资源内容，学生使用手机扫描二维码即可学习更多可实时更新的数字资源，体现新形态教材的特色。

本教材共有 17 位编者参与教材编写与互审，龙明秀和王建光负责统稿，甘肃农业大学师尚礼教授担任主审，国家牧草产业技术体系岗位科学家王德成教授在大纲拟订时给予指导性的建议。教材编写过程中，得到了中国林业出版社和全国草学系列教材建设工作组成员、专家委员会成员的大力支持。本教材的出版得到了国家林业和草原局草原管理司项目资助，在此一并表示诚挚的感谢。

由于编者水平和时间所限，难免挂一漏万，敬请读者批评指正，以便再版时修改。

编　者

2023 年 12 月

目 录

前 言
实验实习须知 ·· 1

一、实验部分

实验 1　土壤团聚体组成的测定 ·· 4
实验 2　牧草及饲料作物播种材料品质检测 ··· 9
实验 3　牧草种子的破除休眠处理 ··· 14
实验 4　豆科牧草种子的根瘤菌接种 ··· 18
实验 5　多年生牧草根系活力的 TTC 快速测定 ······································ 21
实验 6　牧草及饲料作物生长分析 ··· 23
实验 7　田间试验方案的制订 ··· 27
实验 8　牧草混播组合方案的制订 ··· 32
实验 9　草田轮作方案的制订 ··· 36
实验 10　饲草青饲轮供计划的制订 ··· 41

二、实习部分

实习 1　人工草地的整地与播种 ··· 46
实习 2　人工草地测土配方施肥方案的制订 ··· 50
实习 3　牧草出苗率调查 ··· 61
实习 4　牧草越冬率测定 ··· 64
实习 5　牧草及饲料作物生育时期观测与记载 ··· 66
实习 6　牧草分蘖分枝习性观测与记载 ··· 71
实习 7　混播草地种间竞争力的测定与分析 ··· 74
实习 8　利用根系扫描仪测定饲草根系形态及其产能潜力分析 ············· 79
实习 9　利用叶面积仪测定牧草叶面积及其产能潜力分析 ····················· 81
实习 10　利用光合仪测定饲草叶片光合速率及其产能潜力分析 ··········· 83
实习 11　常见豆科牧草及饲料作物形态特征识别 ··································· 86
实习 12　常见禾本科牧草及饲料作物形态特征识别 ······························· 93
实习 13　常见其他科牧草及饲料作物形态特征识别 ······························· 98
实习 14　人工草地杂草调查与化学防除技术 ··· 100
实习 15　人工草地灌溉技术 ··· 104

实习16　草层结构的测定 …………………………………………………………… 114
实习17　牧草及饲料作物生产性能测定 …………………………………………… 117
实习18　牧草及饲料作物机械化栽培观摩 ………………………………………… 122
实习19　人工草地环境因子的物联网测量 ………………………………………… 136
实习20　牧草种植综合效益评价 …………………………………………………… 154
参考文献 …………………………………………………………………………… 156
附　录 ……………………………………………………………………………… 158

实验实习须知

一、实验实习教学目的

通过本环节，使学生在正确识别常见牧草及饲料作物的基础上，观察了解它们的生长发育规律，熟悉并掌握其田间管理基本技能，深入理解牧草及饲料作物栽培学的基本理论知识，掌握研究植物的一些基本方法和技能，培养学生观察、探究、分析、思维、动手和应用能力，激发学生学习探索植物生命奥秘的兴趣。

二、实验室规则

实验室规则是维护正常教学秩序和培养学生严谨学风的重要保证，必须严格遵守。

1. 学生应提前 5~10 min 进入实验室，做好实验前的准备工作。
2. 实验前认真预习每次实验课内容，明确实验目的和要求，了解实验内容及步骤，写出简单的实验提纲。
3. 实验时学生应在任课教师和实验教师指导下进行，认真操作，仔细观察，做好记录。实验结束后，由组长清点归整仪器设备。遇到疑难问题，应积极思考，分析原因，排除障碍。对于经自己努力仍未解决的问题，可与同学协商交流或请教师指导。
4. 使用仪器要注意安全操作，严格按照操作规程进行，不得随意拆卸。
5. 保持实验室整洁，实验结束后认真做好清扫并将凳子放回原处。
6. 凡属非实验自然性的一切破损事故均应承担相应赔偿责任。如故意或不听指导，违反操作规程而损坏者，要加倍赔偿。

三、田间实习要求

1. 遵守纪律，不迟到、不早退，有事需当面向教师请假。
2. 实习期间，注意安全。
3. 根据实习内容要求，在教师指导下由班委会划分实习小组，并向任课教师和实习基地管理教师各提供一份分组名单。组长负责实习用具的领取和归还。
4. 做好实习记录和实习报告，实习结束后统一交给教师。

编写：龙明秀　审稿：王建光

一、实验部分

实验 1 土壤团聚体组成的测定

1. 目的和意义

土壤团聚体是指土壤中大小不同、形状不一,具有不同孔隙度和机械稳定性、水稳性的结构单位,由土壤有机胶体胶结成粒状或小团块状,大致呈球形,是鉴定土壤肥力状况的指标之一。通常将粒径>0.25 mm 的团粒称为大团聚体,<0.25 mm 的团粒称为微团聚体。根据其在静水或流水中的崩解情况,分为水稳性和非水稳性团粒结构两种。测定土壤团聚体的组成,有利于农业上及时采取措施改良土壤结构,为植物生长提供良好的水、肥、气、热环境,促进牧草及饲料作物高产。

2. 实验原理

对风干土壤样品进行干筛,确定一定机械稳定性的团粒分布,然后将干筛法得到的团粒分布按相应比例混合并在水中进行湿筛,用于确定水稳性大团聚体的数量及分布。

3. 仪器和材料

3.1 仪器设备

土壤水稳性大团聚体组成的测定方法有人工筛分法和机械筛分法。

①人工筛分法:天平(感量 0.01 g)、电热鼓风恒温干燥箱、沉降筒(1 000 mL)、水桶(直径不小于 35 cm、高不小于 45 cm)、铝盒(大号)、干燥器、土壤干筛组(孔径为 10 mm、7 mm、5 mm、3 mm、2 mm、1 mm、0.5 mm、0.25 mm)和土壤湿筛组(孔径为 5 mm、3 mm、2 mm、1 mm、0.5 mm、0.25 mm)各一套、土壤筛(2 mm,并附有固定筛子的铁夹子)等。

②机械筛分法:土壤团聚体分析仪(每套筛子孔径为 5.0 mm、2.0 mm、1.0 mm、0.5 mm、0.25 mm,在水中以 30 次/min 上下振荡)。

3.2 实验材料

土壤样品。

4. 操作步骤

4.1 人工筛分法

(1)样品采集

通常耕层土壤采样时土壤湿度不宜过干或过湿,应在土不粘铁锹、经接触不变形时进行。采样要有代表性,采样深度因需求而定,也可分层采样。尽量保持原来结构状态，不要使土块因受挤压发生变形。剥去土块外面直接与铁锹接触变形的土壤，均匀地取内部未变形的土壤约 2 kg，置于封闭的木盒或白铁盒内，运回室内备用。运输时要避免震动和翻倒。

(2) 样品制备

将带回的土壤沿自然结构面轻轻剥成直径 10~12 mm 的土块，避免受机械压力而变形，弃去粗根和小石块后，将样品摊平后放置于通风处，自然风干，要求土壤水分含量<4%。

(3) 内容与步骤

① 干筛法操作步骤：

a. 取自然风干土样 1 000 g 左右（精确至 0.01 g），装入干筛组（包含筛盖和筛底），筛子孔径大小顺序由上而下依次变小。

b. 土壤样品装好后，往返匀速晃动筛组至样品过筛完全。由上而下依次取下筛子，在分开每个筛子时用手掌在筛壁上轻轻拍打几下，震落其中塞住筛孔的团聚体。分别收集>10 mm、7~10 mm、5~7 mm、3~5 mm、2~3 mm、1~2 mm、0.5~1 mm、0.25~0.5 mm 和底盒中<0.25 mm 的各级土粒并称重（精确至 0.01 g），计算各级干筛团聚体的百分含量。

② 湿筛法操作步骤：

a. 根据干筛法求得的各级团聚体的百分含量，把干筛分取的风干土壤样品按比例配成 50 g 样品 2 份（一份是平行样品）。为了防止在湿筛时堵塞筛孔，准备湿筛样品时，<0.25 mm 的团聚体不倒入，但在计算取样数量和其他计算中均将该数值计入并进行计算。

b. 将按比例配好的样品倒入 1 000 mL 沉降筒，沿筒壁缓慢注水，逐渐湿润土样直至达到饱和状态。将土壤样品在水中浸泡 10 min 后，再沿沉降筒筒壁注水至标线，塞住筒口（必要时用凡士林密封），立即把沉降筒倒过来，直至筒中样品完全沉到筒口处。然后把沉降筒再倒转过来，至样品全部沉到底部，反复颠倒 10 次左右。

c. 用特制的铁夹固定设备，将一套孔径分别为 5 mm、3 mm、2 mm、1 mm、0.5 mm、0.25 mm 的湿筛组固定（注意孔径顺序），放入盛有水的水桶中，水面应高出筛组上缘 10 cm。

d. 将沉降筒倒转过来，筒口垂直置于水面以下最上层筛面（注意瓶口要离开筛面 1~2 cm）。慢慢去掉瓶塞，倒立静置（依然保持瓶口距筛面 1~2 cm）使土粒缓慢地掉落在筛面上，直至土壤溶液基本澄清。

e. 在水面下慢慢盖上瓶塞后，将沉降筒缓缓移开，盖上筛组最上层盖子。

f. 一只手按住盖子，将筛组从水中缓慢提起，迅速沉下，重复 10 次后（提起时勿使样品露出水面，沉下时勿使水面漫过筛组顶部），取出上部 3 层筛子（5 mm、3 mm、2 mm），再将下部 3 层筛子（1 mm、0.5 mm、0.25 mm）重复上述操作 5 次。将筛组分开，把各级筛面上的土粒分别转移到恒重的铝盒中。

g. 将盛入土样的铝盒置入电热鼓风恒温干燥箱中，在 60~70℃ 烘至近干，然后调温至105~110℃烘干约6 h。取出铝盒,在干燥器中冷却至室温称重,再按上述方法进行复烘,每隔30 min取出称量一次,烘至前后两次质量差不超过0.005 g为止。计算各级水稳性团聚体的百分含量。

(4)注意事项

如土壤质地较轻,经干筛和湿筛后,各粒级中有石块、石砾、植物残体和砂粒,应将其挑出。若这一层筛中全部为单个砂粒,这些砂粒也应弃去,但结合在大团聚体中的砂粒与细砾应包括在大团聚体中。计算时,土样的质量应扣除全部被挑出的石块、石砾、植物残体和砂粒的质量,再换算出各粒级团聚体的质量分数。

(5)结果计算

土壤水稳性大团聚体数值以百分含量(%)表示,按下列公式计算:

$$x_i(\%) = \frac{m_i}{m_0} \times 100 \tag{1-1}$$

式中　x_i——各级水稳性大团聚体含量(%);
　　　m_i——各级水稳性大团聚体烘干重(g);
　　　m_0——烘干样品重(g)。

$$X = \sum_{i=1}^{n} x_i \tag{1-2}$$

式中　X——水稳性大团聚体总和(%)。

$$P_i(\%) = \frac{x_i}{X} \times 100 \tag{1-3}$$

式中　P_i——各级水稳性大团聚体占水稳性大团聚体总和的百分含量(%)。

两次平行测定结果的算术平均值作为测定结果,保留一位小数。两次平行测定结果的绝对差值不超过3%;若超过3%,应重新测定。

4.2　机械筛分法

(1)干筛法测定步骤

①野外样品制备:在野外采取土样时,要求不破坏土壤结构,每个样品采集2.0 kg,将采集的新鲜土样按其结构轻轻剥开成直径10~12 mm的土粒,挑去石块、石砾及明显的有机物质,放在纸上自然风干。

②测定:将团粒分析仪的筛组按筛孔大的在上、小的在下顺序套好,将1 000 g风干土样倒在筛组的最上层并加盖,用手摆动筛组,使土壤团聚体按其大小筛到下面的筛子内。当小于5 mm团聚体全部被筛到下面的筛子内后,将5 mm筛层移去放置一边备用,继续摆动其他4层筛子。当小于2 mm团聚体全部被筛下去后,拿去2 mm的筛子。按上法继续干筛同一样品的其他粒级部分。将每次筛出的各级团聚体依同级粒径分别归置,称取各层级风干质量。

③结果计算:

$$各级非水稳性大团聚体含量(g/kg) = \frac{m_1'}{m_1} \times 1\,000 \tag{1-4}$$

式中 m_1——风干土样质量(g)；

m_1'——各级非水稳性大团聚体风干土样质量(g)。

各级非水稳性大团聚体含量的总和为总非水稳性大团聚体含量。

$$各级非水稳性大团聚体含量占总非水稳性大团聚体含量比例(\%) = \frac{各级非水稳性大团聚体含量}{总非水稳性大团聚体含量} \times 100 \quad (1\text{-}5)$$

(2)湿筛法测定步骤

①根据干筛法求得的各级团聚体的含量，把干筛分取的风干样品按比例配成4份(4个平行样)，每份50 g。

例如，若样品中大于5 mm粒级的团聚体达到50 g/kg，则分配该级称样量为50 g×50 g/kg=2.5 g；

5~2 mm粒级的团聚体达到100 g/kg，则分配该级称样量为50 g×100 g/kg=5 g；

2~1 mm粒级的团聚体达到200 g/kg，则分配该级称样量为50 g×200 g/kg=10 g；

1~0.5 mm粒级的团聚体达到300 g/kg，则分配该级称样量为50 g×300 g/kg=15 g；

0.5~0.25 mm粒级的团聚体达到180 g/kg，则分配该级称样量为50 g×180 g/kg=9 g；

小于0.25 mm粒级的团聚体达到170 g/kg，则分配该级称样量为50 g×170 g/kg=8.5 g。

②为了防止在湿筛时堵塞筛孔，故不把小于0.25 mm的团聚体倒入准备湿筛的样品内，但在取样数量和其他计算中均需记录这一数值。

③将孔径为5 mm、2 mm、1 mm、0.5 mm、0.25 mm的筛组依次叠好，孔径大的在上面。

④将已称好的样品置于筛组上。

⑤将筛组置于团粒分析仪的振荡架上，放入已加入水的水桶中，水的高度至筛组最上面一层筛子的上缘部分，在团粒分析仪工作时的整个振荡过程中，不可脱离水面。

⑥开动马达，设置振荡时间为30 min。

⑦将振荡架慢慢升起，使筛组离开水面，待水淋干后，将留在各级筛上的团聚体洗入铝盒或铝制称皿中，倾去上部清液。

⑧将铝盒中各级水稳性大团聚体放在电热板上烘干，然后在室温自然条件下放置一昼夜，使其呈风干状态(水分含量在1%~4%)后称重。

⑨结果计算：按式(1-4)和式(1-5)计算各级非水稳性大团聚体含量和各级非水稳性大团聚体含量占总非水稳性大团聚体含量比例。

(3)注意事项

①非水稳性大团聚体用干筛法测定，水稳性大团聚体用湿筛法测定。

②干筛法测定的土样太干或太湿都不适宜，以潮湿为适度，即土壤用铲挖时不粘在铲子上，用手捻时土块能捻碎，放在筛内又不粘在筛子上为宜。

③湿筛法对一般有机质含量少的土壤不适用，因这些土壤在水中振荡后，除了筛内留一些已被水冲洗干净的石块、石砾、砂粒外，其他部分几乎都通过筛孔进入水中。

④黏重的土壤风干后往往会结成非常结实的硬块，即使用干筛法将其分成不同直径的粒级，也不能代表它们是非水稳性大团聚体。

⑤经干筛与湿筛后的各粒级中有大团聚体，也有石块、石砾及砂粒，对干筛与湿筛获得的各级石块与石砾应挑出去，砂粒因太小无法挑出去，如这一层筛中已全部为单个砂粒，则这些砂粒也应弃去。但胶结在大团聚体中的砂粒和细砾应包括在大团聚体中。

⑥该测定因受土样中石块、石砾含量影响，偏差较大，因此在计算各级大团聚体时，直接用测定时的风干土质量为基数，不必换算成烘干土质量。一个样品重复4次，取其平均值。

5. 实验报告

每人提交一份实验报告，包括实验目的和意义、操作步骤、实验结果及实验结论，并将各级土壤团聚体分析结果填入表1-1。

表1-1 土壤团聚体分析结果

类型	样品编号	各级团聚体含量百分数/%							
		>10 mm	7~10 mm	5~7 mm	3~5 mm	2~3 mm	1~2 mm	0.5~1 mm	0.25~0.5 mm	<0.25 mm
干筛										
湿筛										

编写：南丽丽　审稿：张志新

实验 2　牧草及饲料作物播种材料品质检测

1. 目的和意义

牧草种子及播种材料是牧草及饲料作物生产的重要生产资料之一，其品质的好坏直接影响播种质量和草地建植的成败。在播种前应科学检验牧草的净度、发芽势、发芽率、千粒重等，并计算种子用价，为人工草地合理建植的播种量需求提供科学依据。种子质量检验是种子质量管理体系的重要组成，对维护草业生产秩序、保障生产者利益、促进草业经济发展及负责种子管理的政府机构等具有极为重要的作用。学生在充分了解我国草种目前高度依赖进口的大背景下，深刻体会种子是农业的"芯片"及种子检验的重要意义。

通过本实验，学生应了解牧草及饲料作物种子取样的方法和步骤，熟悉检验的程序与方法，学会播种量的计算方法。

2. 实验原理

衡量种子有无生活力的标志是能否正常发芽。牧草种子的检验是指应用科学的方法，对生产上使用的牧草种子的质量进行监测、鉴定和分析，确定其种用价值的过程。种子质量是由多重种子特性构成，每个特性又有多种不同的测定方法，从而使检验方法和技术不断应运而生。根据《草种质量检验规程》(GB/T 2930.1—2017)中的质量检验程序对样品进行扦样后，本实验主要测定样品的净度、发芽势、发芽率和千粒重。

3. 仪器和材料

3.1　仪器设备

扦样器、分样器、种子发芽箱、电动种子数粒仪、种子净选仪、净度分析台、手持放大镜或双目显微镜、电子天平(感量 0.1 g、0.01 g、0.001 g 和 0.1 mg)、瓷盘、分样板、分样匙、样品盒、培养皿、直尺、镊子等。

3.2　实验材料

紫花苜蓿、红豆草、多年生黑麦草、燕麦等牧草种子。

4. 操作步骤

4.1　扦样

(1)抽取原样

抽取原始样品，根据种子存放方式和数量决定取样的方法和数量。

①袋装种子：凡是统一检验单位的材料在3袋以内(含)时每袋都取，4~30袋时至少取4袋，31~50袋时至少取5袋，51~100袋时取10%以上。取样量为每袋200~500 g，100袋以下的原始样品约3 kg，101~400袋的原始样品约4 kg，原始样品最低不得少于1 kg。

②堆放种子：每区按十字交叉法5点取样，每点分上、中、下三层取样，采样点至少离外边10 cm。

(2)分取样品

分样时，应将送验样品充分混合。根据不同设施，可采用以下实验样品的分样方法。

①分样器分样：利用分样器反复多次按照二分法制取需要的数量，此法适合量大的原始样品中分取平均样品。

②四分法分样：将原始样品摊开呈正方形，按照对角线法分取两个对面的样品，直到需要的数量，此法适合量小的原始样品中分取平均样品。

平均样品是从上述样品中抽取其中的一部分供实验室分析。

平均样品量：禾本科牧草大粒种子50~150 g，小粒种子20~25 g；豆科牧草大粒种子200~500 g，小粒种子20~50 g；饲料作物种子500~1 000 g。

制取供试样品：是从平均样品中利用四分法或分样器制取用于分析检验各项指标的样品，每个供试样品量一般为10~50 g。

4.2 净度的测定

净度是指种子的洁净程度。种子净度是衡量种子品质的一项重要指标，净度测定的目的是检验种子有无杂质、能否作播种材料用，为材料的利用价值提供依据，其测定步骤如下：

(1)分取试样

利用四分法从平均样品中制取净度供试样品。净度送检样品的最低数量为：大粒种子，豆科10~30 g，禾本科10~20 g；小粒种子，禾本科5~7 g，豆科2~5 g；饲料作物种子，50~500 g。

(2)样品的分离

实验样品称重后，分离成净种子、其他植物种子和杂质3种成分，并测定各成分的质量。杂质是指土块、砂石、昆虫粪便、秸秆及杂草种子。凡是夹杂在种子中的杂质和不能当作播种材料用的废烂种子均为杂质成分。废烂种子是指无种胚种子、压碎压扁种子、腐烂种子、已发芽种子及小于正常种子1/2的瘦小种子等。

(3)结果计算和表示

将分析后的所有成分质量之和与分析前最初质量比较，核对分析期间物质有无损失。若损失差距超过分析前最初质量的5%，则应重新分析。

分别计算净种子、其他植物种子和杂质占供试样品质量的百分率；样品质量应是分析后各成分质量的总和。

$$种子净度(\%) = 净种子质量/试样质量 \times 100 \qquad (1-6)$$

$$其他植物种子数(\%) = 其他植物种子质量/试样质量 \times 100 \qquad (1-7)$$

$$\text{杂质}(\%) = \text{杂质质量}/\text{试样质量} \times 100 \tag{1-8}$$

4.3 种子发芽力的测定

种子发芽力是指种子在适宜的条件下能够发芽并长出正常种苗的能力,通常用发芽势和发芽率表示。发芽势高表示种子生命力强,种子发芽出苗整齐一致;发芽率高表示有生命的种子多。种子发芽力的高低是反映种子播种质量好坏的重要指标,其测定方法较多(表1-2),本实验重点介绍室内发芽法。

表1-2 常见牧草及饲料作物种子发芽方法

序号	种名		规定				附加说明
	中文名	学名	发芽床	温度/℃	初次计数/d	末次计数/d	
1	紫花苜蓿	*Medicago sativa*	TP;BP	20	4	10	预冷
2	白三叶	*Trifolium repens*	TP;BP	20	4	10	预冷
3	红三叶	*Trifolium pratense*	TP;BP	20	4	10	预冷
4	毛叶苕子	*Vicia villosa*	BP;S	20	5	14	预冷
5	白花草木樨	*Melilotus albus*	TP;BP	20	4	7	预冷
6	家山黧豆	*Lathyrus sativus*	BP;S	20	5	14	—
7	紫云英	*Astragalus sinicus*	TP;BP	20	10	21	—
8	沙打旺	*Astragalus adsurgens*	TP	20	4	14	—
9	多变小冠花	*Coronilla varia*	TP;BP	20	7	14	浓硫酸*
10	豌豆	*Pisum sativum*	BP;S	20	5	8	0.2%KNO₃代替水,预冷
11	百脉根	*Lotus corniculatus*	TP;BP	20<=>30;20	4	12	预冷
12	多年生黑麦草	*Lolium perenne*	TP	20<=>30;15<=>25;20	5	14	0.2%KNO₃代替水,预冷
13	沙生冰草	*Agropyron desertorum*	TP	20<=>30;15<=>25	5	14	0.2%KNO₃代替水,预冷
14	燕麦	*Avena sativa*	BP;S	20	5	10	预热
15	结缕草	*Zoysia japonica*	TP	20<=>35	10	28	0.2%KNO₃代替水
16	苏丹草	*Sorghum sudanense*	TP;BP	20<=>30	4	10	预冷
17	早熟禾	*Poa annua*	TP	20<=>30;15<=>25	7	21	0.2%KNO₃代替水,预冷
18	羊草	*Leymus chinensis*	TP	20<=>30;15<=>25	6	20	—
19	羊茅	*Festuca ovina*	TP	20<=>30;15<=>25	7	21	0.2%KNO₃代替水,预冷

(续)

序号	种名		规定				附加说明
	中文名	学名	发芽床	温度/℃	初次计数/d	末次计数/d	
20	披碱草	*Elymus dahuricus*	TP	20<=>30；25	5	12	L
21	鸭茅	*Dactylis glomerata*	TP	20<=>30；15<=>25	7	21	0.2%KNO$_3$代替水，预冷，L
22	狼尾草	*Pennisetum alopecuroides*	TP	30	5	10	—
23	柳枝稷	*Panicum virgatum*	TP	15<=>30	7	28	预冷
24	酸模	*Rumex acetosa*	TP	20<=>30	3	14	预冷
25	串叶松香草	*Silphium perfoliatum*	TP；S	20<=>30；15<=>25；25	5~6	14	L

注：*在发芽实验前，先将种子浸在浓硫酸里；TP 表示纸上；BP 表示纸间；S 表示沙；L 表示光照；<=>表示变温符号，高温持续 8 h，低温持续 16 h。

(1) 室内发芽法

通常采用纸上发芽法或纸间发芽法，在准备好的培养皿中放入滤纸作为发芽床，然后加适量的水，将净度供试样品中随机选取的 100 粒(小粒)或 50 粒(大粒)种子均匀放在发芽床上，种子之间保持不相互接触，以免霉菌污染。贴好标签，放入发芽箱(根据牧草种子适宜的发芽温度设置)。每天检查温度和相对湿度，勿使发芽床过干(可适量加水)。种子开始发芽后，每日定时检查，记录发芽种子数。种子发芽标准应力求一致，一般豆科植物要有正常的、比种子本身长的幼苗，且最少要有一个子叶与幼根连接；禾本科牧草种子发芽标准须达到幼根长度与种子等长，幼苗长到种子的一半，才能确定为发芽种子。

(2) 发芽力的计算

每种牧草及饲料作物种子的发芽势、发芽率的统计天数不一致，按照《草种子检验规程》(GB/T 2930.4—2017)发芽天数计算。

$$发芽势(\%) = 发芽初期规定日期内全部正常发芽种子数/供试种子数 \times 100 \quad (1-9)$$

$$发芽率(\%) = 发芽终期规定日期内全部正常发芽种子数/供试种子数 \times 100 \quad (1-10)$$

(3) 种子用价及实际播种量的计算

种子用价是指种子样品中真正有利用价值的种子数量占供检样品总量的百分数。

$$种子用价(\%) = 种子净度 \times 种子发芽率 \times 100 \quad (1-11)$$

$$实际播种量(kg/hm^2) = 理论播种量/种子用价 \times 100 \quad (1-12)$$

4.4 种子千粒重的测定

种子千粒重是指风干种子的千粒质量，大粒种子常用百粒重。从净度分析后的种子中，用手工或种子数粒仪随机数出 100 粒，重复 8 次，分别称重，以克(g)为单位称量精度与净度测定相同,计算 8 组的平均质量,换算成 1 000 粒种子的平均质量。按下列公式计算方差 σ^2、标准差 s 和变异系数 ω:

$$\sigma^2 = \frac{n(\sum x^2) - (\sum x)^2}{n(n-1)} \tag{1-13}$$

$$s = \sqrt{\frac{n(\sum x^2) - (\sum x)^2}{n(n-1)}} \tag{1-14}$$

$$\omega = \frac{s}{\bar{x}} \times 100 \tag{1-15}$$

式中　x——每个重复的质量;
　　　n——重复次数;
　　　s——标准差;
　　　$\bar{x}$——平均值。

一般种子的变异系数不超过 4.0,变异系数接近 6.0,意味着供试草种的粒径大小悬殊,可以按 8 个重复的平均值作为千粒重计算基础,最后计算 1 000 粒种子的平均质量(即 $10 \times \bar{x}$),将计算结果填入表 1-3。变异系数超过 6.0,则需要重新测定。

表 1-3　千粒重测定结果

项目	重复号							
	1	2	3	4	5	6	7	8
每个重复的质量/g								
标准差								
质量的平均值/g								
变异系数								
千粒重/g								

5. 实验报告

根据实验内容完成实验报告,包括实验目的和意义、操作步骤、实验结果(计算供试牧草种子的净度、发芽势、发芽率、种子用价、实际播种量、千粒重)及实验结论。

编写:何学青　审稿:闫艳红

实验 3 牧草种子的破除休眠处理

1. 目的和意义

种子是重要的农业生产资料,其质量的好坏直接影响生产的成败。与农作物种子相比,牧草种子休眠现象较为常见,播种前需要采取一定的措施才能确保其正常萌发。种子休眠(seed dormancy)是指具有生命力的种子在适宜的环境条件下经过一定时间仍不能萌发的现象。不同草类植物种子在成熟后的休眠性有强有弱,对适宜的发芽环境条件,如温度、相对湿度和氧气条件反应不同,能发芽的环境范围越宽,表示休眠性越弱;反之,范围越窄,休眠性越强。在自然条件下,休眠种子从成熟到能够萌发所经历的时期称为休眠期。种子群体的休眠期是指在自然状态下,从种子收获到绝大多数种子解除休眠所经历的时间。

通过本实验,引导学生进一步理解导致不同牧草种子休眠的原因和破除休眠的原理,掌握解除牧草种子休眠的常用方法,为生产和商品交易活动提供充分复苏的牧草种子。

2. 实验原理

种子休眠是植物的一种生存策略,往往是由种子本身的遗传特性和外界环境等多种因素共同作用的结果。自然界的绝大多数种子都具有不同的休眠期和休眠类型。导致牧草种子休眠的原因和类型主要有:①种皮太硬导致透水透气性障碍的物理休眠;②种子中存在萌发抑制物质的生理休眠;③胚本身未发育成熟,或胚乳的合成、积累、转化尚未完成的形态休眠;④缺少必需的激素;⑤环境条件不适宜等。

针对以上休眠类型,解除牧草种子休眠的常见方法有:①物理去除种皮的"硬实"性,减少种皮对发芽的障碍,提高发芽率;②低温层积或高温干燥处理加快种子后熟,促进种子发芽;③采用化学物质和激素刺激种子萌发;④清水漂洗和光照处理解除休眠等(表 1-4)。

本实验以豆科牧草种子的破除硬实为例。

3. 仪器和材料

3.1 仪器设备

研钵、烘箱、恒温培养箱、烧杯、培养皿、镊子、纱布、刀片、滴管、玻璃棒、砂纸等。

表1-4 解除牧草种子休眠的常见方法

解除休眠的方法			解除休眠的原因	打破休眠的步骤	常见牧草种子
1. 物理方法	(1) 温度处理	a. 低温处理	克服种皮的不透性	湿润种子在5~10℃保持7 d后开始发芽试验	苜蓿属、冰草属、早熟禾属、剪股颖属、雀麦属、羊茅属、黑麦草属、羽扇豆属、草木樨属和野豌豆属等
		b. 高温处理	种皮龟裂、疏松多缝，改善气体交换条件	85℃处理无芒隐子草种子16 h	草地早熟禾、圭亚那柱花草、紫花苜蓿
		c. 变温处理	种皮因热胀冷缩作用而产生机械损伤，种皮开裂	白天将种子摊成5~7 cm在阳光下暴晒，翻动3~4次/d，夜间收回室内以防潮湿，连续4~6 d即可	野生苋、无芒隐子草、红豆草
	(2) 机械处理	a. 擦破种皮	种皮产生裂纹	机械碾磨至种皮发毛	天蓝苜蓿、草木樨、小冠花、毛苕子、紫云英等
		b. 高压处理	种皮产生裂纹	18℃，202 650 kPa（2 000大气压）处理	紫花苜蓿、白花草木樨
	(3) 射线、超声波和电场处理		使种子内生长酶活化，从而活化种子原始的生长过程，使其恢复生命活力	X射线、γ射线、β射线、α射线、红外线、紫外线和激光等适当照射种子	蚕豆、芮苣、大豆、柠条等
	(4) 层积处理	a. 低温层积	低温下种皮透性、新陈代谢增强，促进赤霉素和细胞分裂素等激素的合成，降解或转化脱落酸等抑制激素	种子置于较低温度和湿润状态中进行数日至数月	矮薹草、披针薹草
		b. 变温层积	通过热胀冷缩效应撕裂种皮，并刺激种皮代谢	先将种子进行高温吸湿处理，再进行低温吸湿处理。主要集中在林木种子上	薹草、羊草
	(5) 浸种催芽		让种子吸足能发芽的水分，在适温下使种子发芽	硬实种子经温水浸泡后可解除休眠，活力较低的种子一般不宜采用浸种处理	蒙古岩黄芪、闽引羽叶决明、鹅观草

(续)

解除休眠的方法		解除休眠的原因	打破休眠的步骤	常见牧草种子
2. 化学方法	（1）植物激素处理	赤霉素取代某些种子完成生理后熟中对低温的要求和喜光种子对光线的要求；细胞分裂素可解除因脱落酸抑制造成的休眠，其作用比赤霉素显著	乙烯、赤霉素、细胞分裂素、萘乙酸等外源植物激素处理有些休眠种子；外源乙烯或者乙烯利能打破一些种子的初生和次生休眠	结缕草、车前、白三叶、赖草、莴苣、繁穗苋
	（2）无机化学药物	腐蚀种皮，改善种子通透性或与种皮及种子内部的抑制物质作用而解除休眠	无机盐、酸、碱等化学药物。草类植物种类不同，药物处理的时间、浓度有所不同；浓酸浸泡通常能破除因硬实引起的休眠	异穗薹草、砾薹草、线叶蒿草、歪头菜、碱茅、白花草木樨、碱谷、籽粒苋、碱蓬
	（3）有机化学药物	全部或局部取代某些种子，完成生理后熟	二氯甲烷、丙酮、硫脲、甲醛、乙醇、对苯二酚、单宁酸、秋水仙精、羟氨、丙氨酸、苹果酸、琥珀酸、谷氨酸、酒石酸等有机化学药物	结缕草
3. 生物方法		真菌可产生一些生化物质打破休眠	微生物发酵处理	莎草科植物种子、结缕草种子经动物消化道进行
4. 综合方法		许多植物种子的休眠都是种皮和胚双重原因引起的综合休眠类型，因此对此类植物种子的休眠需用综合方法来破除休眠	结合物理、化学或生物方法进行处理	野牛草、沙拐枣、三裂叶野葛、结缕草

3.2 实验材料

（1）豆科草类植物种子

多变小冠花、百脉根、毛苕子、草木樨、红三叶、绛三叶、杂三叶、白三叶等。

（2）药品

10%稀硫酸或98%浓硫酸、10%氢氧化钠、无水乙醇等。

4. 操作步骤

4.1 硬实率测定

采用吸胀法，将净度分析后的种子每个材料随机挑选3个重复，每个重复100粒，25℃条件下浸泡24 h，统计吸胀和未吸胀的种子数量，计算硬实率（未吸水膨胀的种子）。

$$硬实率(\%) = 未吸胀种子数/供试种子数 \times 100 \qquad (1\text{-}16)$$

4.2 破除硬实种子步骤

（1）物理处理法

①机械处理：将少量硬实种子放在研钵中研磨几分钟，将种皮磨破，但不要磨碎种子；也可用刀片切破种皮或去除种皮后待用。

②热水处理：用纱布将种子包裹后，放在50~70℃的热水中浸种10 min、20 min、30 min，取出待用。

③干燥处理：将种子放在98℃烘箱内烘10 min，取出待用。

（2）化学处理法

①酸处理：将少量种子放入烧杯，用滴管滴加10%稀硫酸浸泡30 min，滤去酸液，用清水反复冲洗种子，至中性（可用pH试纸测试）后待用。

②碱处理：将少量种子放入烧杯中，用滴管滴加10%氢氧化钠浸泡10 min，取出种子用清水反复冲洗，至中性后待用。

③无水乙醇处理：将种子放入烧杯中，加适量无水乙醇浸泡处理，8 min后取出待用。

（3）硬实处理效果的检验

将上述处理的种子各取4份，每份100粒，未处理种子取100粒作为对照，采用纸上发芽法，7 d后统计发芽率。

5. 实验报告

任选2~3种豆科牧草种子，测定其硬实率，根据上述方法进行硬实处理，分析不同方法的处理效果，撰写实验报告。

编写：尹国丽　审稿：何学青

实验 4 豆科牧草种子的根瘤菌接种

1. 目的和意义

根瘤菌是豆科牧草重要的共生微生物。根瘤菌有利于豆科植物的生长，在土壤氮素不足的情况下，根瘤菌可将空气中的分子态氮转化为植物可直接利用的氮素，满足植物氮素的需求；根瘤菌还能提高寄主植物的抗逆性，有效提高豆科饲草产量。根瘤菌在生态环境可持续发展中发挥着重要作用，可减少化学氮肥的使用，降低氮肥对环境的污染。同时，根瘤菌还具有改善土壤结构、培肥地力的作用。因此，根瘤菌接种在豆科牧草栽培中起着无可替代的作用。

通过本实验，加深对根瘤菌接种意义的理解，熟悉根瘤菌的接种原则，掌握根瘤菌的接种方法，学会识别有效根瘤，观测根瘤的生长。

2. 实验原理

根瘤菌与豆科植物形成的是共生关系。豆科植物结瘤过程起始于根系信号物质(类黄酮)，被根瘤菌特异性识别后产生结瘤因子，结瘤因子被植物感知后产生一系列的形态和生理变化，根瘤菌侵染后形成侵染线进入根系内皮层细胞，形成结瘤原基并发育成根瘤。根瘤菌能够将分子态氮固定为植物可利用的氮，而固氮过程极其耗能，需要植株为根瘤菌持续提供能量。根瘤细胞内，糖代谢产生的苹果酸等能源物质交换根瘤菌固定的氮，以此维持共生关系，实现了互惠互利。

3. 仪器和材料

3.1 仪器设备

烘箱、天平、游标卡尺、刀片、镊子等。

3.2 实验材料

着生有根瘤的豆科牧草根系、根瘤菌菌剂、豆科牧草种子。

4. 操作步骤

4.1 根瘤的识别

①根瘤的位置：在不同豆科植物根系，根瘤主要形成的部位有所不同。例如，大豆的根瘤主要集中在主根上，紫花苜蓿的根瘤主要集中在侧根上。

②根瘤的形状：枣形、姜形、掌形、球形等。

③颜色：是判断根瘤菌活性大小的重要指标。根瘤菌的颜色若为红色或粉色，说明根瘤菌固氮活性较高。根瘤还可呈现褐色、灰褐色和绿色。

④直径：根瘤的直径可以反映根瘤的大小。使用测量工具(如游标卡尺)直接测量根瘤的最大横截面直径。

⑤干重和鲜重：利用刀片和镊子将根瘤与根部分离，测定根瘤鲜重。置于阴暗凉爽的地方阴干，测定根瘤干重。

4.2 接种方法

(1) 干瘤法

选择健壮、具有根瘤的植株，挖出根系，洗净泥土，切去茎叶，将带根瘤的根置于阴暗凉爽的地方阴干。接种前将干根捣碎，对种子进行拌种。为增加根瘤菌数量，可用干根重的 1.5~3 倍的清水，在 20~35℃ 培养、繁殖根瘤菌，期间经常搅拌，经 10~15 d 便可用菌液拌种。

(2) 鲜瘤法

用 250 g 晒干的菜园土或河塘泥，加 100~150 g 草木灰，灭菌 0.5~1.0 h 后取出冷却。选取体积大、颜色呈粉红色的新鲜根瘤，捣碎，用冷水制成菌液后，与土壤拌匀。然后置 20~25℃ 保持 3~5 d，每天加水，翻动搅拌，即成菌剂。此法只需少量根瘤，每公顷一般用 70~150 个根瘤就能达到增产目的。

(3) 土壤接种法

在种植过某种豆科牧草或饲料作物的土地上，取湿润部分的土壤均匀地洒在将要播种该种豆科牧草的土地上，然后翻耕或耙松后即可播种，也可用所取的湿润土壤与种子拌种后再播种。

(4) 根瘤菌剂法

根瘤菌剂是工厂生产的商品型细菌肥料，包装上已注明有效期和使用方法。根瘤菌剂存放于阴凉处，避免阳光直晒。拌种前，将根瘤菌剂用水稀释，然后喷洒在种子表面，充分搅拌。拌种结束后，尽快(24 h 内)将种子播入湿土中。

4.3 注意事项

①根瘤菌具有专一性，必须选用合适的菌种接种。
②根瘤菌剂要保存在阴暗凉爽处，防止阳光直接照射。
③接种后的种子不要与各种化学肥料直接接触，须在 48 h 内播种。
④大多数根瘤菌适宜中性土壤，过酸、过碱或过干、过湿的土壤需要改良或调节后才能接种播种。

5. 实验报告

以小组为单位填写以下实验内容，完成实验报告，包括实验目的和意义、操作步骤、实验结果及实验结论。

识别主要豆科牧草的有效根瘤，观测其生长部位、形状、大小、颜色、数量等，并记录于表 1-5。

表 1-5 豆科牧草根瘤观测记录

植物名称	观测时间	生育阶段	根瘤性状					
			着生部位	形状	直径	颜色	数量/个	鲜重/g	阴干重/g

采用 1~2 种根瘤菌接种方法为豆科牧草接种后播种，并填写表 1-6。

表 1-6 根瘤菌接种登记

草种名称	接种时间	接种方法	播种方法	土壤状况

对豆科牧草草地进行不同施氮水平处理 2 周以上，观测根瘤生长部位、形状、大小、颜色、数量的变化规律（选做）。

编写：孙奕姿 审稿：闫艳红

实验 5 多年生牧草根系活力的 TTC 快速测定

1. 目的和意义

植物的根系不仅具有吸收水分和养分的功能，同时也是同化、转化及合成多种物质（如氨基酸、激素、生物碱等）的重要器官。根系活力是衡量根系吸收与合成等活动能力强弱的重要指标。目前，氯化三苯基四氮唑法（TTC）因易操作、效率高、测定准确等优点，被广泛应用于植根组织活力的快速检测。

本实验要求学生了解 TTC 法测定植物根系活力的基本原理，掌握其具体步骤和操作方法，为牧草及饲料作物的高产栽培管理提供科学依据。

2. 实验原理

凡有生活力的根系在呼吸作用过程中都有氧化还原反应，而无生活力的则无此反应。当 TTC 溶液渗入根系部位的活细胞内，并作为氢受体被还原型辅酶 NADH 或 NADPH 还原时，可产生红色的三苯基甲䐶（TTF），根系组织便被染成红色。当根系生活力下降时，呼吸作用明显减弱，脱氢酶的活性也大大下降，颜色变化则不明显，故可由胚染色的程度推知根系生活力的强弱。

生成的 TTF 比较稳定，不会被空气中的氧自动氧化。具有生活力的根在呼吸代谢过程中产生还原酶，能将无色的 TTC 还原成红色的 TTF，因此 TTC 的还原量可表示脱氢酶活性，作为根系活力的指标。

3. 仪器和材料

3.1 仪器设备

分光光度计、分析天平、恒温水浴锅、容量瓶（10 mL）、烧杯（50 mL）、研钵、漏斗、移液管、比色管等。

3.2 实验材料

多年生牧草根尖样品、TTC（0.4%）、连二亚硫酸钠（$Na_2S_2O_4$，俗称保险粉）、乙酸乙酯、磷酸盐缓冲液（0.067 mol/L，pH 7.0）、硫酸（1 mol/L）等。

4. 操作步骤

4.1 制作 TTC 标准曲线

吸取 0.25 mL、0.50 mL、1.00 mL、1.50 mL 和 2.00 mL 的 TTC 溶液，加入 10 mL 试管中，给各试管编号并标明其浓度。然后在各个试管中加入少许连二亚硫酸钠，再加入乙酸乙酯定容至 10 mL。充分振荡混匀后，可以观察到溶液产生红色的 TTF，得到含 TTF 10 μg、20 μg、40 μg、60 μg 和 80 μg 的系列标准溶液，以乙酸乙酯作参比，在 485 nm 波长下用分光光度计测定吸光度，绘制标准曲线。

4.2 根系 TTC 还原强度的测定

称取多年生牧草根尖样品 0.5 g 放入烧杯中，加入 TTC 溶液和磷酸盐缓冲液各 5 mL，使根充分浸没在溶液内，在 37℃暗条件下保温 1~2 h。然后加入 2 mL 1 mol/L 硫酸，停止反应。与此同时，做一空白实验，先加硫酸，再加根样品，其他操作步骤同上。

把根取出，用滤纸吸干水分，放入研钵中，加乙酸乙酯 3~4 mL，充分研磨，以提出 TTF。把红色提取液移入刻度试管，并用少量乙酸乙酯把残渣冲洗 2~3 次，全部移入 10 mL 试管，最后加乙酸乙酯定容至 10 mL，用分光光度计在 485 nm 波长下比色，以空白实验作参比测出吸光度，查标准曲线，即可求出 TTC 还原量。

4.3 结果计算

$$TTC\ 还原强度 = \frac{TTC\ 还原量(g)}{根重(g) \times 时间(h)} \tag{1-17}$$

5. 实验报告

根据实验内容撰写实验报告，包括实验目的和意义、操作步骤、实验结果及实验结论。

编写：孙奕姿　审稿：张志新

实验6 牧草及饲料作物生长分析

1. 目的和意义

生长分析法是指通过定量测定来分析生长过程,经常被用于植物产量和生长速率分析的一种常用方法。

通过本实验,学生在学会测定各种指标的基础上,了解牧草及饲料作物个体或群体光合产物积累及在各器官中分配规律,进一步熟悉其生长发育规律,从而为合理栽培与高效生产提供科学有效的技术措施奠定基础。

2. 实验原理

作物生活在自然界中,与外界环境不断地进行着新陈代谢,使作物体内贮存了很多生长所需要的物质和能量。在个体生长过程中,可以看到量的变化,如植株长高、叶片增加等一系列变化。作物的生长发育过程是光合产物不断增长和积累的过程。不同的作物或品种,同一作物的不同生育时期,以及在不同生态环境和栽培条件下,作物光合产物积累的速度及在各器官中的分配情况也是不同的。了解作物光合产物的积累和分配情况有助于揭示作物生长发育的规律,也为制订合理的栽培管理措施提供了依据。

3. 仪器和材料

3.1 仪器设备

剪刀、尺子、铝盒、烘箱、天平、叶面积测定仪等。

3.2 实验材料

处于生长阶段的牧草及饲料作物。

4. 操作步骤

4.1 指标测定

(1)生长速度(growth speed,GS)

生长速度是指单位时间内植株绝对高度的变化。与种类、品种、生育时期、水肥条件和当地气候密切相关。计算公式如下:

$$GS = (H_2 - H_1)/t \tag{1-18}$$

式中 GS——生长速度(cm/d);

H_1——起始株高(cm);

H_2——经过 t 天后的株高(cm);

t——时间(d)。

(2)生长强度(growth intensity, GI)

生长强度是指单位时间内植株风干重的变化。与种类、品种、生育时期、水肥条件和当地气候密切相关。计算公式如下:

$$GI = (W_2 - W_1)/(t_2 - t_1) \tag{1-19}$$

式中 GI——生长强度(g/d);

W_1——t_1 天的风干重(g);

W_2——t_2 天的风干重(g);

$t_2 - t_1$——间隔天数(d)。

(3)净同化率(net assimilation rate, NAR)

净同化率是指单位时间内单位叶面积的植株风干重增长量。净同化率反映作物叶片的净光合效率,相当于用气相分析法测定的单位叶面积净同化效率的数值。计算公式如下:

$$NAR = \frac{1}{L} \times \frac{dw}{dt} = \frac{\ln L_2 - \ln L_1}{L_2 - L_1} \times \frac{w_2 - w_1}{t_2 - t_1} \tag{1-20}$$

式中 L——叶面积(cm²),即 L_1 为 t_1 天的叶面积,L_2 为 t_2 天的叶面积;

$t_2 - t_1$——间隔天数(d);

w——风干重(g)。

4.2 具体方法

(1)样地选择

为比较不同牧草的生长情况,可选择一种豆科牧草和一种禾本科牧草作为采样地,或一种草种的不同品种作为采样地。

(2)采样时间

根据牧草饲料作物的生育时期和生长发育速度,每隔一定时间(以日、周为单位)进行采样测定,直至生长期结束。建议在植物快速生长发育时期进行测定。

(3)采样方法

在田间对每个处理,避开田边地埂 1 m,按"S"形随机采取 10 株生长正常植株并依序编号(10 次重复)。先进行单株自然株高和绝对株高测量;然后留茬 5 cm 或 10 cm(以不影响再生来确定)刈割,随后用吸水纸擦净植株表面泥水并称量单株鲜重;然后,将每株试样用纸袋包装并附上编号带回实验室。

(4)制样方法

在实验室用剪刀将每个样品株的叶片、茎秆叶鞘、花序果实等组织器官分三类剪取,然后按类称鲜重并记录;用长宽系数法或叶面积测定仪对每株叶片进行单株叶面积测定；最后分类（器官）将 10 株混合装入纸袋（写上标签）置于烘箱内，先于 105℃ 烘 15~30 min（杀青），然后在 60~65℃ 烘至恒重，称各组织器官风干重，由此可计算出本次处理植株各器官含水量及整株含水量，同时可换算各单株风干重。

4.3 测定结果统计表

将测定结果填入表 1-7~表 1-10 中。

表 1-7 测定结果原始记录

测定日期： 处理：

株号	株高/cm	主茎叶数/片	分枝（分蘖）数/个	叶面积/cm²	植株干物重/g			
					叶	茎（鞘）	穗（花果）	全株
1								
2								
3								
4								
5								
6								
7								
8								
9								
10								
合计								
平均								

注：表中每个指标数据均为 10 次重复，请先对每组 10 个重复数据按照变异分析原理进行适当取舍调整；然后对同期单一指标不同处理间或同处理单一指标不同时期间的差异进行显著性检验分析。

表 1-8 风干物质在各组织器官中的分配比例 %

测定时期			
叶			
茎（鞘）			
穗（花果）			

注：对同处理单一指标不同时期间或同期单一指标不同处理间的差异可进行显著性检验分析。也可用采样进程时期为横坐标，每个处理不同组织器官风干重为纵坐标，绘柱状图，分析各处理风干物质在不同组织器官中的进程变化规律。

表 1-9 生长性能分析

测定时期	生长速度	生长强度	净同化率

注：对同处理单一生长指标不同时期间或同期单一生长指标不同处理间的差异可进行显著性检验分析。也可用采样进程时期为横坐标，各处理同一生长指标为纵坐标，绘曲线图，分析同一指标各处理间的进程变化规律。

表 1-10　不同生长阶段生长速度(生长强度或净光合速率)分析

采样次数	初级生长	一级生长	二级生长	三级生长	四级生长	……
第一次						
第二次						
第三次						
……						

注：对同处理单一生长指标不同时期间或同期单一指标不同处理间的差异可进行显著性检验分析。也可用采样进程时期为横坐标，单一生长指标每个处理不同生长阶段为纵坐标，绘柱状图，分析这个生长指标各处理在不同生长阶段中的进程变化规律。

5. 实验报告

根据所得数据，每人提交一份实验报告，通过比较阐明不同牧草及饲料作物在不同生长时期的生长发育情况。实验报告要求包括实验目的和意义、操作步骤、实验结果及实验结论。

编写：韩　博　审稿：王建光

实验 7　田间试验方案的制订

1. 目的和意义

田间试验是在人为控制条件下所进行的田间农业科学实践活动，具有代表性、准确性和重演性等特点。合理的田间试验方案是正确有效实施田间种植的基础。在大田生产或接近生产条件下，通过田间试验研究掌握牧草及饲料作物的生长发育与各种环境条件的关系，将所得规律应用到农牧业生产实践，加速推进农牧业生产的发展。

通过教学，使学生掌握田间试验设计中常用的随机区组设计、裂区设计和拉丁方设计，掌握试验地面积的计算方法，更好做到理论联系实际，提升学生的实践能力及创新水平。

2. 实验原理

田间试验方案的制订是指按照试验的目的要求和试验地的具体条件，将各试验小区在试验地上做最合理的设置和排列，应遵循代表性、准确性和重复性的基本要求，解决生产实践中存在的关键问题。除试验目标和研究因子之外的试验条件及控制因素应尽量一致。在与试验类似条件下进行同样的试验或生产实践能获得类似的结果。

试验小区的设置应依据适当处理数目、小区面积、形状、重复次数及设置对照区和保护行等确定。①处理数目过少或过多均影响试验的准确性及代表性，一般以 5~10 个为宜；②小区面积依据植物种类而定，矮秆密植牧草及饲料作物多按 10~15 m^2，而高秆稀植牧草及饲料作物以 20~30 m^2 为宜；③试验小区形状一般以长方形为宜，长宽比例以 3∶1~5∶1 为宜；④重复可有效地减少土壤肥力差异引起的误差，增加重复次数比增大小区面积能更有效地降低试验误差，提高精确度；⑤设置对照区和保护行，以避免人畜及其他因素对试验的影响，确保试验的准确性。

3. 仪器和材料

3.1　仪器设备

降水量和气温等监测器、普通天平、皮尺、三角板等。

3.2　实验材料

豆科及禾本科饲草、肥料、记录笔、记录本、橡皮等。

4. 操作步骤

4.1 随机排列法

随机排列法是指各个试验处理在一个重复内的排序不确定,而是随机决定其所在位置。随机排列设计法包含单因子随机排列设计法和复因子随机排列设计法。单因子随机排列设计法包含随机区组设计法和拉丁方设计法;复因子随机排列设计法包含随机区组设计法和裂区设计法。在随机排列法中重复间允许有土壤肥力差异,但重复内土壤肥力应力求一致。当试验地是一个没有明显肥力趋向式差异、长宽比例较大的窄长条形,试验的重复数和处理数均不多时,可采用单排式(图 1-1A)。若不具备这些条件,通常要根据具体情况采取双排式(图 1-1B)或多排式(图 1-1C)。

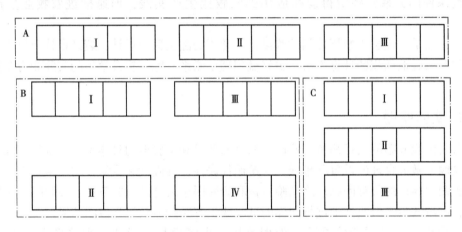

图 1-1　随机排列方式

随机区组设计法是一种应用广泛且又精确的试验设计方法。它比较全面地运用了田间试验设计时所遵循的重复原则、随机原则和局部控制原则,既能减少土壤肥力差异及其他偶然性因素所造成的试验误差,又能正确估算试验误差。其特点是将试验地中土壤肥力基本均匀的地段划成区组,每个区组中再划成若干试验小区;各区组内各小区土壤肥力要求均匀,而区组之间允许有一定差异,通常将一个重复的全部处理随机地排列在一个区组内,其他区组也如此设计。区组内各个处理随机排列的方法有抽签法和随机数字法,但为避免系统误差,同一个处理不能出现在同一行或同一列。随机区组设计示意如图 1-2 所示。

复因子试验设计的随机区组设计法同样遵循单因子试验随机区组设计的方法、要求和局限性。唯一不同的是复因子随机区组设计法把全部处理都当作单因子试验中的处理看待,并按照随机原则分别在各区组中排列。例如,有一个包括 4 个品种(A1、A2、A3、A4)和 3 个播期(B1、B2、B3)的双因子试验,处理组合数目为 4×3=12 个,双因素随机区组排列示意如图 1-3 所示。

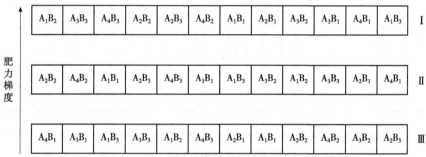

Ⅰ	Ⅱ	Ⅲ	Ⅳ
7	4	2	1
1	3	8	7
3	6	1	5
4	8	7	3
2	1	6	4
5	2	4	8
8	7	5	6
6	5	3	2

肥力梯度

Ⅰ	3	7	6	1	2	4	8	5
Ⅱ	7	5	4	3	8	2	1	6
Ⅲ	1	6	8	5	3	7	4	2
Ⅳ	8	3	1	6	7	5	2	4

肥力梯度

图 1-2 随机区组设计示意

肥力梯度

A_1B_2	A_3B_3	A_4B_3	A_2B_2	A_2B_3	A_4B_2	A_1B_1	A_2B_1	A_3B_2	A_3B_1	A_4B_1	A_1B_3	Ⅰ
A_2B_2	A_4B_2	A_1B_1	A_2B_3	A_4B_3	A_3B_1	A_1B_3	A_3B_2	A_1B_2	A_3B_3	A_2B_1	A_4B_1	Ⅱ
A_4B_1	A_3B_1	A_1B_3	A_3B_3	A_1B_2	A_4B_3	A_2B_1	A_1B_1	A_2B_2	A_4B_2	A_3B_2	A_2B_3	Ⅲ

图 1-3 双因素随机区组排列示意

4.2 拉丁方设计法

D	A	C	E	B
B	C	E	D	A
A	E	B	C	D
C	B	D	A	E
E	D	A	B	C

图 1-4 拉丁方设计法示意

拉丁方设计法是一种包括有纵横两个方向的随机区组设计，可有效控制两个方向的土壤肥力差异，能够更广泛地消除土壤差异所造成的误差，准确度高。但拉丁方设计法重复数必须和处理数相等，这种设计缺乏伸缩性，适应范围小，适宜的处理数目一般为 5~8 个；且拉丁方设计法的形状常采用正方形，小区间斑块状肥力差异可能有所增加，试验地选择时缺乏灵活性(图 1-4)。

4.3 裂区设计法

裂区设计法是一种随机不完全区组设计法(图 1-5)，实际上就是在一个试验中，以较大的小区来设计要求小区面积较大的、重复数较少的因子(或次要因子)，且将较大的小区进一步划成若干较小的小区。如在品种施肥量试验中，施肥量因子无论从田间作业、试验准确度和田间观察比较中都要求设置较大的小区，品种因子则适宜设置在这些较大小区中划分成的较小的小区上。通常在双因子试验处理组合数目过多，而且各个试验因子重要性不同或有特殊要求时采用。例如，当一个试验(如苜蓿品种比较试验)已经进行，但临时又发现必须加上另一个试验

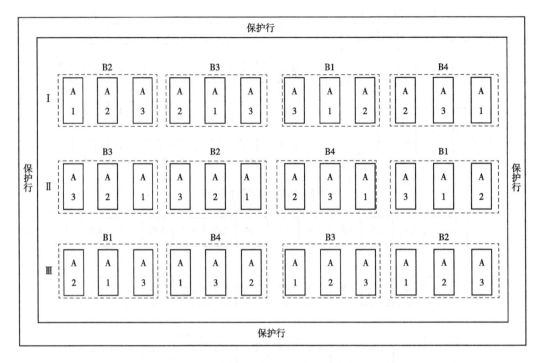

图1-5 施肥量与品种双因素试验裂区设计示意

因子(如接种与不接种),需在已进行的试验第一区中,再划成若干个较小的小区,将新增的试验因子的各处理设置加上去时,都适宜采用裂区设计法。

在上述例子中,设置施肥水平的12个较大的小区称为主区,设置在主区上的处理为主处理。设置品种较小的小区称为副区,设置在副区上的处理为副处理。对于品种来讲,一个主区相当于1次重复或1个区组,但它又不包含所有的12个处理组合,仅包括4个处理组合。所以,这种由主区形成的区组称为不完全区组。其中,副处理和主处理相应的重复均按照随机排列。

裂区设计法对试验地利用率高,试验结果准确度高。因为裂区设计采取了将主区内划分成副区的方法,若采用双因子随机区组排列,所有的处理组合都按照主处理设置较大的小区,上述例子中整个试验地面积将比裂区设计增大2倍。而试验地面积过大,土壤差异大,试验准确性降低。其次,裂区设计法一般适合双因子试验,若试验因子是3个,必须在主区中划分副区,副区中进一步划分成更小的小区。倘若各因子处理数目较多,采用裂区设计法,其结果统计分析将非常复杂。

5. 实验报告

请为下列2个试验选择适宜的田间试验设计方法,绘制田间设计图,计算试验地面积。

试验一、4个品种(A)和3个施肥水平(B)的栽培试验。

试验二、萘乙酸对扁穗牛鞭草的扦插生根效应，因素 A 为扁穗牛鞭草品种，设 2 个水平(A1、A2)；因素 B 为萘乙酸浓度，设 4 个水平(B1、B2、B3、B4)。

编写：闫艳红　审稿：南丽丽

实验 8　牧草混播组合方案的制订

1. 目的和意义

与单播相比，合理混播兼具能增加单位面积的产出、提高牧草营养品质、减少病虫草害、有利于收获和调制和平衡土壤肥力等多种优点，是人工草地建植中常用的重要栽培技术措施。牧草混播组合方案的制订是建设高产的混播草地生产系统的必要前提。本实验要求学生以小组形式，自设应用场景，将理论教学中关于混播的原则和依据应用于实践。

通过本实验，学生应掌握牧草混播组合方案设计的步骤与方法，具备为生产实践提供科学决策的应用能力，提高分析问题和解决问题的能力，加强团队协作意识。

2. 实验原理

不同牧草的形态学特征、生物学特性及利用价值不同，牧草混播通常采样两种或两种以上的豆科和禾本科进行搭配，主要依据其生态学原理(群落稳定性、竞争性和相容性)、生物学原理(幼苗活力、生长特性、生长速度、再生性及高产年份等)、形态学互补原理(地上、地下互补)以及营养代谢互补原理(对营养元素的需求不同，互利互惠)，根据当地的气候状况、土壤特点和生产条件，结合利用目的、产业需求及发展方向，选择适宜的混播草种并制订方案，实现混播人工草地的高效生产。

3. 仪器和材料

3.1　仪器设备

当地资料(土壤资料、降水量、气温等的日值或月值)、计算器、普通天平等。

3.2　实验材料

当地适宜种植的禾本科和豆科牧草种子各 2~3 种、记录笔、记录本等。

4. 操作步骤

4.1　种植条件调查

对实验所在地的气候类型与条件(热量、降水量)、土地条件、生产需求与目的(如生产年限、计划任务和收获量等指标)等进行调查，确定混播草地的用途(刈割草地、放牧草地、刈牧兼用草地)及适宜的种植时间(春播或秋播)，确认适宜栽培且所在地有需求的饲草作物。结合以上要素统筹计划安排，拟订本次牧草混播组合方案。方案制订进入生产程序时，尽量划分单独的生产小区形成各草种的单播试验区，以便后续对混播草地的生产性能、竞争力等指标进行测定。

4.2 根据当地条件确定混播牧草组成

(1) 草种与品种选择

根据当地的气候条件、土地条件，结合牧草的生物学特性和生态学特性，选择适宜当地生长的草种，尽量选择产草量高、品质好、抗病虫害的品种，并根据具体条件考虑越冬性、抗旱性、抗涝性、抗盐碱性。

(2) 豆科和禾本科组合

如实验原理所述，生产中大多采用豆科和禾本科进行混播。当豆科草种缺乏，或某些高寒地区无适宜豆科牧草，几种禾本科牧草也可组成混播组合。

4.3 根据草地利用年限和牧草寿命确定混播组分

(1) 按年限分类

根据生产需求确定混播草地的生产利用年限，优先选择在既定年限内可以达到生产性能顶峰的草种及品种。短期混播草地利用年限为 2~3 年，中期和长期混播草地的利用年限分别为 4~6 年和 7~8 年甚至以上。

(2) 根据年限调整比例

短期混播草地的成分应比较简单，一般由 2~3 个牧草种组成，包括 1~2 个生物学类群，如一种豆科牧草与一种禾本科牧草的组合。中期混播草地与长期混播草地的牧草种类和生物学类群则可适当增加，如 3~4 个牧草种和 2~3 个生物学类群。

混播草地的利用年限越长，豆科牧草的成分应相应减少（表 1-11），越是寒冷的地区更是如此。包含多个禾本科牧草种的组合需考虑分蘖类型的搭配（表 1-12）。例如，根茎疏丛型禾草和匍匐茎禾草，与密丛型禾草混播则可有效防止倒伏，有助于高产，也便于收获。切忌于短期草地中选择发育慢、利用年限过长的草种，避免使牧草的生产年限与草地的生产目标不匹配，影响高产与稳产性能。

表 1-11　不同利用年限豆科和禾本科混播草地的草种配合比例　　　　　　　　%

草地利用年限/草地类型	豆科草种	禾本科草种
2~3 年/短期草地	75~35	25~65
4~6 年/中期草地	30~25	70~75
7~8 年/长期草地	<10	>90

表 1-12　禾本科混播草地的草种配合比例　　　　　　　　%

草地利用年限/草地类型	根茎型和根茎疏丛型	疏丛型
2~3 年/短期草地	0	100
4~6 年/中期草地	10~25	90~75
7~8 年/长期草地	50~75	50~25

4.4 根据草地利用目的确定混播组成/比例

牧草混播时，竞争与互利要尽量达到理想的平衡状态，以提高混播草地的功能。如密丛型禾草如与匍匐型豆科牧草的竞争力相差较大，组成混播草地则群落稳定性差。

混播草地的利用方式不同，在豆科和禾本科组成及上、下繁禾草的组成上也应有所差异(表1-13)。以刈割为目的的混播草地，在各草种收获时间基本一致的前提下宜以上繁草为主，可采用中寿命的上繁疏丛型禾草与直根型豆科牧草混播，并搭配较低比例的1年生、2年生牧草和上繁根茎型禾草。以放牧利用为目的的草地，宜选用适口性好、再生力强、耐践踏、分蘖性较强的下繁类牧草为主。

表1-13　不同利用方式时混播草地的上繁草与下繁草比例　　　　　　　　　%

草地用途	上繁草	下繁草
刈草用	>90	<10
放牧用	30~20	70~80
刈牧兼用	70~50	30~50

注：禾本科牧草依其枝条产生部位和株丛的高低，可分为上繁草和下繁草。

4.5 计算混播牧草组合中各草种的播量并校正

(1) 计算播种量

根据各草种在混播中所占比例计算播种量，如禾本科与豆科牧草混播时的常见比例一般为6∶4或7∶3。而在同一类群的内部，各草种的比例可按其生物学特性进行分配。例如，发育快的一年生牧草占较小比例，而发育缓慢、起到支撑草地植物群落作用的多年生牧草占较大比例。

混播组合中各草种播种量的计算公式：

$$K = N \times H / X \tag{1-21}$$

式中　K——混播中某草种的播种量(kg/hm^2)；
　　　N——该草种在混播中占的百分比(%)；
　　　H——该草种单播时的理论播种量(kg/hm^2)；
　　　X——种子用价(%)。

(2) 播量校正

为克服生长期间种间竞争的相互抑制作用，以保持各类草种的应有比例，可在播种时利用适当增加竞争力弱的牧草种单播量，达到校正比例的目的。播种量的增加量大小依草地的利用年限而定，短期混播草地增加不超过弱势草种单播量的25%，中期与长期则分别增加不超过50%和100%。

高寒地区刈割
利用混播方案
（短期刈割草地）

温带半湿润地区
放牧利用混播方案
（中期放牧草地）

5. 实验报告

以小组形式，调查实验所在地的条件，并完成牧草混播组合方案制订的步骤内容。制订以下牧草混播组合方案，注意考虑当地条件、草地用途、牧草特性（适宜地带、上繁草与下繁草的组合）、配合比例与播量校正，并称量、配比可种植面积 100 m^2 的牧草种子（包括混播与单播区）。

方案一、两种禾草所组成的混播组合。

方案二、两种禾本科牧草与一种豆科牧草所组成的混播组合。

根据实验内容完成实验报告，要求包括实验目的和意义、操作步骤、实验结果及实验结论。每人提交一份实验报告，实验结果要求阐述条件分析、草种特性、混播组合设计理由陈述、混播草地建植与管理关键技术等。

编写：杨　轩　审稿：田莉华

实验 9　草田轮作方案的制订

1. 目的和意义

种植制度是指一个地区或生产单位的作物组成、配置、熟制与间套作、轮作等种植方式的总称。传统的农作制度中通常都是不同作物的轮作或连作，将牧草引入种植制度中，即为粮草轮作或草田轮作。具体来讲，草田轮作是指根据各类草种和作物的茬口特性，将计划种植的不同草种和作物按种植时间的先后排成一定顺序，在同一地块上轮换种植的种植制度。一个轮作体系中的各种作物在一个轮作地块上全部种植一遍所需经历的年数称为轮作周期。

科学地实施草田轮作既能提供优质饲草，保证畜牧业的高质量发展，又能改良土壤，提高地力，增加后备耕地资源，从而进一步保障国家食物安全。

2. 实验原理

草田轮作中所涉及的牧草以豆科牧草为主，也包括少部分禾本科牧草。豆科牧草固氮作用明显，且根系入土深，可吸收深层土壤养分，能够分泌较多的酸性物质，溶解难溶的磷酸盐，活化土壤中的钾、钙，提高土壤有效养分。豆科牧草为禾本科和一些经济作物的优良前作，其后不宜种糖用甜菜、马铃薯、啤酒大麦等；禾本科牧草须根密集，能够切碎土壤并使其形成团粒结构。多年生牧草根积累量大，为大多数作物的良好前作；其他科牧草（如聚合草、串叶松香草、菊苣、籽粒苋、苦荬菜等），生长速度快、产量高、地力消耗大，后茬作物以豆科牧草、禾本科牧草、绿肥作物和豆科作物为主。

草田轮作中所涉及的作物主要为禾谷类作物、绿肥作物、豆类作物。禾谷类作物根系多，入土浅，对土壤要求一般，需较多的氮肥和磷肥，抗病虫害能力强，耐连作，最好的前作是多年生牧草、豆类作物和块根、块茎类；绿肥作物多为 1 年生、2 年生豆科植物，固氮，分泌酸性物质，茎叶分解速度快，茬口特性与豆科牧草相似；豆类作物固氮能力强，落叶多，土壤含氮丰富，易发生土壤病虫害，尤其是线虫病，有寄生菟丝子危害的地块不宜接茬种豆科作物，根系分泌的有机酸会产生自毒作用。大豆耐短期连作，豌豆最不耐连作；水稻茬土壤水分含量高，地温较低，土壤孔隙度很低，土壤缺氧，有机质分解缓慢而积累多，对氮、磷，尤其是钾的吸收量大，地力消耗剧烈，水稻耐长期连作，接茬作物为牧草、绿肥作物、豆类作物、麦类和油菜等；油料作物多为直根系，入土深，根系分泌有机酸，可提高磷的利用，油料作物与禾谷类作物、禾本科牧草轮作有利于养分平衡利用和病虫害的防治；棉麻类作物为直根系，根系发达，入土深 1.5~3 m，吸收深层水分和营养能力较强，与禾谷类作物、禾本科牧草轮作较合适；块根、块茎及瓜类作物耗水量低，土壤水分含量较高，对钾的需求量较大，吸收钾的量是氮的两倍，病虫害较多，不宜连作，是禾谷类作物、禾本科牧草的良好前作，与禾本科轮作效果好。

3. 草田轮作方案的制订步骤

(1) 深入查询研究，掌握相关资料

草田轮作方案的编制是否合理，对于一个生产单位的资源和土地利用、地力维持和发掘，农业可持续发展均具有极其重要的意义。在编制草田轮作计划时，应遵循如下原则：根据产业发展和需求导向，在充分合理利用当地条件和自然资源的基础上，根据牧草和作物的茬口特性，本着土地用养结合、简单化和可持续的原则，正确选择轮作作物，编制草田轮作方案。

(2) 确定轮作组合及轮作方式

确定轮作作物的种类及种植比例和种植地点解决布局的重要问题。在考虑轮作作物的种类时，应保证有较大比例能生产大量有机质的禾谷类作物，以及有一定比例的豆类作物，尤以豆科牧草效果更佳。在配置作物时，凡要求用工多、施肥多、运输量大的作物，尽量安排在居民点附近的地段。

(3) 划分轮作区

根据生产任务和作物布局规划，结合各种作物在相应土地上的生产能力，确定主要作物和次要作物各自应占有的比例。主要作物比例不能过大，否则就会重茬过多，对不耐连作的作物尤应注意。在轮作中安排种植牧草、绿肥和豆类作物的播种面积相近，同一轮作中各种作物的面积比例相当或互为倍数。

按土壤种类和耕地性质划分轮作区，将每个区的面积及其耕种作物，进行编号登记。为便于管理，轮作区数尽量少些，轮作区面积也不可过大。一般情况下，大田轮作年限以4~5年为宜，草田轮作年限以6~8年为宜。

(4) 确定轮作次序，编写轮作计划书

在确定轮作次序时，应尽量考虑亲缘关系的远缘性，没有共同土壤病虫害的作物，互为前后茬，力求避免相互感染。同时，也要考虑茬口养分的互补性，养分需求量多的作物应与养分需求量少的作物相搭配，以求彼此间的相容和互利。另外，应从资源分配和利用上考虑，使劳动密集型的作物与需要劳力少的作物相搭配，使各种机具作业任务彼此错开等。总之，合理排序有助于增进地力和提高产量。确定轮作次序后，编写轮作计划书。

4. 草田轮作方式

草田轮作在农区和农牧交错区实施，一般以生产粮食、棉花、油料及其他经济作物为主要任务的引草入田轮作。其特点要求农作物的种植比例较大，种植年限较长。而种植牧草的目的在于恢复地力，同时为畜牧业生产提供一定数量的优质饲草料，达到农牧结合的目的。草田轮作中牧草的种植年限，一般为2~4年，但作为绿肥仅种植1年。华北地区常见轮作方式为冬小麦+紫花苜蓿→紫花苜蓿(2年)→玉米→油菜+夏季绿肥→

小麦，南方地区常见轮作方式为黑麦草→水稻→紫云英→水稻。在甘肃陇东地区，常用的轮作方式为紫花苜蓿(6~8年)→谷子或胡麻→冬小麦(3~4年)，或者紫花苜蓿(3~5年)→玉米/大豆→冬小麦；陇中地区为紫花苜蓿(5~8年)→糜子或稻→马铃薯或豌豆→小麦(3年)。另外，甘肃武威川地灌区以小麦/草木樨→翻压绿肥种植玉米→小麦的3年三区轮作模式，增产和提高土壤肥力效果也十分明显。

  草田轮作在牧区和农牧交错区，一般以生产精饲料、青贮料、干草等饲草饲料为主，兼种农作物，其核心目的是满足畜牧业生产全年对饲料、饲草的均衡需要。完全舍饲方式下的草田轮作将草料全部收割后运回畜舍饲喂。种植饲料作物以生长快、产量高、品质好的多汁性根茎叶菜类饲料作物及青贮作物为主，如甜菜、胡萝卜、饲用瓜类、马铃薯、青刈玉米、青贮玉米、青刈燕麦等；牧草以1年生、2年生速生优质牧草为主，如黑麦草、苏丹草、毛苕子、普通苕子、草木樨等；精饲料有玉米、燕麦、大麦、豌豆等。例如，适用于猪和奶牛的舍饲草田轮作模式为谷子间套作紫花苜蓿→紫花苜蓿(收割调制干草)→紫花苜蓿(放牧或青刈)→饲用瓜类→甜菜→青贮玉米→马铃薯→大麦间套作绿肥→青贮玉米。适于种畜或幼畜的草田轮作为燕麦混(间)作普通苕子或毛苕子→冬大麦→黑麦→芜菁或普通苕子→青刈玉米→普通苕子或毛苕子→胡萝卜。

5. 我国草田轮作主要模式案例

5.1 多花黑麦草→水稻轮作模式(南方地区)

(1) 轮作原理

  水稻田冬闲期种植多花黑麦草不仅能生产大量的优质牧草，还能改善稻田土壤理化特性，增加土壤酶活性，促进后作水稻生产；稻田土壤微生物也促进了多花黑麦草的物质生产过程，是一个将种养业有机结合，使粮畜生产同步发展的农业耦合系统。

(2) 栽培技术要点

  ①播前准备：选择有排、灌水条件的早稻田或中稻田，在水稻收获前15~20 d，排干田中积水。待水稻收获后，开沟做畦，沟用于排水，畦用于种植牧草。畦宽1.5~2 m、畦与畦之间的沟宽0.2~0.3 m、深0.2~0.3 m，且畦沟应与积水径流方向一致，以利排水。同时，在稻田的四周开好排水沟。

  ②品种选择：选择经过种植试验、在当地产量高品质优的品种。应采用经法定质量检验机构检验达到《禾本科草种子质量分级》(GB 6142—2008)规定的三级以上的种子。

  ③播种：多花黑麦草的理论播种量为15~30 kg/hm²。稻田的地表湿润但不积水，地面不能有大量杂草滋生。采用条播或撒播。条播用人工或机械按要求的行距分行播种，行距以15~20 cm、播深以2~3 cm为宜。撒播用人工或手摇播种机将种子均匀地撒播在土壤表面。播种后，均匀地在播面上施撒一定量的厩肥或复合肥。厩肥以30 000~37 500 kg/hm²、复合肥以600~900 kg/hm²为宜。

  ④田间管理：当幼苗长到2~3 cm时进行查苗，若有缺苗20%以上斑块，应及时补播。苗期应视杂草滋生情况及时除草。每次收割后宜追施尿素或人畜粪尿，尿素75~

112.5 kg/hm², 人畜粪尿 15 000~25 000 kg/hm², 遇干旱气候应视墒情适时灌溉。若发生病虫害, 应立即刈割利用。

⑤刈割利用: 可采用人工或机械刈割。饲喂牛、羊时, 刈割高度 60~75 cm, 饲喂鱼、兔、鹅、猪时, 刈割高度 30~45 cm。刈割留茬高度以 3~5 cm 为宜。

(3) 技术效益

①经济效益: 多花黑麦草→水稻轮作模式 5 个月收鲜草 60~90 t/hm², 产值 12 000~18 000 元, 增加直接收益 5 775~11 775 元; 后茬早稻增产 8% 以上, 增加间接收入 960 元; 少用化肥 137 kg/hm², 节约投资 187 元。

②生态效益: 土壤容重降低 9.4%, 有机质增加 27%, 速效氮增加 11%, 速效磷增加 26%, 速效钾增加 57%, 微生物总量增加 13 倍, 尿酶活性增加 2.75 倍, 转化酶增加 92.6%。

③社会效益: 种植 1 hm² 多花黑麦草→水稻轮作田, 可解决 2 个农民冬季就业, 提高收入; 减少远距离购买干草, 降低生产成本, 促进低碳畜牧业的有效途径之一。

5.2 紫花苜蓿→玉米草田轮作模式(甘肃河西走廊农区)

(1) 轮作原理

紫花苜蓿和玉米是西北河西走廊地区的两大主要作物, 紫花苜蓿主要用于草食动物饲养, 玉米则粮饲兼用。在昼夜温差大、光照时间长、土地资源和水资源紧缺、以灌溉生产为主要方式的河西走廊地区, 紫花苜蓿草地轮作玉米是实现高效生态农业的重要轮作模式。

(2) 栽培技术要点

①品种选择: 选择粮饲兼用或饲用玉米品种(最好具有活体成熟的特性)和西北旱寒生境适宜优质高产的紫花苜蓿品种。

②选地: 一般来说, 每一块地都是可以轮作的。主要以提高牧草产量为目的的草田轮作, 应选择在地势较平缓、土质肥沃、最好有灌溉条件的地段, 同时要做到平整土地、精耕细作。根据轮作作物的种植规模和轮作年限, 把轮作区划分成面积大致相等的轮作小区。小区的形状最好是长方形, 长宽比例约为 5:1, 在缓坡地耕作区长度的方向应与等高线平行, 以防止水土流失。不要在牧草的高产期到来时或高产期内进行作物轮换。

③播种: 紫花苜蓿草地建植 5~6 年后, 紫花苜蓿产量明显下降, 第二茬刈割收获后翻耕, 翌年春季种植玉米, 1~2 年后再种植紫花苜蓿。玉米播种时间为 4 月下旬至 5 月上旬, 玉米秋季收获后, 翌年春季播种紫花苜蓿。

④施肥: 轮作玉米播种前均匀施入农家肥 15~75 t/hm²、纯氮 105~135 kg/hm²、五氧化二磷 90~120 kg/hm²、氧化钾 45~60 kg/hm² 作为基肥。紫花苜蓿播前施农家肥 11~15 t/hm² 作为基肥, 或施纯氮 42 kg/hm²、磷酸氢二铵 225~300 kg/hm²、氯化钾 105 kg/hm² 作为基肥。

⑤田间管理: 玉米苗期施纯氮 45 kg/hm² 1 次, 10~11 片叶时施纯氮 225~300 kg/hm²,

开花后追施纯氮 30~75 kg/hm², 同时少量喷施一次叶面肥磷酸二氢钾。适当时期进行中耕或人工除草。紫花苜蓿草地播种当年不追肥, 二龄及以上草地每年追施纯氮 42~56 kg/hm²、氯化钾 60~75 kg/hm²。

⑥刈割利用：饲用玉米最适收获期为蜡熟期, 全株含水率为 65%~70%, 干物质含量达 30% 以上。以籽粒乳线位置作为判别标准, 乳线处于 1/2 时适期机械收割。饲用玉米收割期可根据收获机械配置、加工量、收贮进度等适当调整。紫花苜蓿于现蕾期或初花期刈割收获。适时收割调制优质青干草, 注意观察天气预报, 切忌刈割后雨淋。

(3) 技术效果

由表 1-14 中数据可见, 5~6 年紫花苜蓿草地轮作玉米茬较小麦茬的紫花苜蓿干草产量增加 7.63%~13.19%, 粗蛋白含量增加 5.89%~7.91%。5 年紫花苜蓿草地轮作 2 年玉米模式较轮作 1 年玉米模式产量提高 19.06%, 粗蛋白含量提高 3.6%。

表 1-14　5 年紫花苜蓿分别轮作 1~2 年玉米或小麦模式的紫花苜蓿干草产量和品质

处理	产量/(t/hm²)	粗蛋白/%	中洗纤维/%	酸洗纤维/%	粗脂肪/%	粗灰分/%
5 年紫花苜蓿→紫花苜蓿	7.92	20.18	48.73	29.76	2.29	8.92
5 年紫花苜蓿→1 年玉米→紫花苜蓿	10.02	22.13	42.28	26.74	2.88	9.53
5 年紫花苜蓿→1 年小麦→紫花苜蓿	9.31	20.9	46.94	27.67	2.46	9.25
5 年紫花苜蓿→2 年玉米→紫花苜蓿	11.93	22.93	41.45	25.6	3.26	9.6
5 年紫花苜蓿→2 年小麦→紫花苜蓿	10.54	21.25	43.72	27.5	3.33	9.26

(4) 适用范围

在河西走廊农区, 适宜采用紫花苜蓿→玉米草田轮作模式。一般以紫花苜蓿种植 5~6 年后轮作 1~2 年玉米为宜, 也可用产草量高、改土作用明显的其他多年生豆科草地与玉米轮作, 如红豆草等。

6. 实验报告

学生 3~4 人一组, 以自己家乡或熟悉的地方为例, 共同制订一份草田轮作方案, 包括方案的目标对象、背景及目的和意义、轮作原则、品种选择及轮作方案等, 并重点阐述选择方案的理由及栽培技术要点。

编写：尹国丽　审稿：田莉华

实验 10 饲草青饲轮供计划的制订

1. 目的和意义

制订饲草生产计划是畜牧生产中的一项重要工作，不仅具有组织、平衡和发展饲草生产的重要作用，还有利于家畜的健康养殖。在做好饲草生产计划的基础上，根据当地实际情况，组织好饲草供应，保障季节间饲草的均衡供应，促进畜牧业的健康发展。我国畜牧业生产中常由于饲草料不能均衡供应而导致家畜生产性能起伏波动，这给养殖者带来了较大损失。为保证饲草生产计划的顺利实施和各种饲草的及时供应，保证畜牧生产的稳步发展，应在每一年年末做出翌年的饲草生产计划。

本实验旨在使学生能够根据牧场的实际情况，掌握制订青饲料轮供计划的方法、步骤和技能。

2. 实验原理

青饲料轮供是指按当地条件，有计划地轮种各种青饲牧草和饲料作物，配合青饲料贮藏和有计划地轮牧，给家畜均衡且连续不断地提供优质青饲料的计划。首先，根据养殖场所养畜群类型、现有数量及配种和产仔计划，编制畜群周转计划表；其次，依据饲养标准确定家畜日粮配方并计算饲草需求量；最后，选择适宜的牧草和饲料作物，结合当地的种植制度和生产习惯，对确定饲草的轮作方式、种植面积、种植方式、种植时间和收获时间进行统筹安排，制订大田生产计划，确保青饲轮供持续、稳定。

3. 仪器和材料

3.1 仪器设备

计算器。

3.2 实验材料

记录本、记录笔、橡皮等。

4. 操作步骤

4.1 编制畜群周转计划

养殖场对饲草的需要量取决于所养家畜的数量和类型。因此，在进行编制饲草需要计划前，首先根据该场所养畜群类型、现有数量及配种和产仔计划，编制畜群周转计划表(表 1-15)，再根据畜群周转计划计算出每个月各类型家畜的数量。编制畜群周转计划

表 1-15 畜群周转计划

家畜组别	年末	数量/(头或只/月)											
		1	2	3	4	5	6	7	8	9	10	11	12
成年奶牛														
犊牛 1~3 月														
4~6 月														
……														
合计														

注：家畜组别按照饲草食用量划分。

一般在年底制订翌年计划，期限通常为 1 年。

4.2 计算饲草需求量

家畜饲草需求量的确定要根据家畜日粮配方来计算，而家畜日粮配方则是按《肉牛饲养标准》(NY/T 815—2004)、《肉羊饲养标准》(NY/T 816—2021) 和实践经验来确定的。家畜所需饲草的数量按下式计算：

$$饲草需要量(t/月) = 平均日定量 \times 月均头数 \times 每月天数 \quad (1-22)$$

将结果填入表 1-16 中。

表 1-16 饲草月需求量

家畜组别	需求量/(t/月)											
	1	2	3	4	5	6	7	8	9	10	11	12
成年奶牛												
犊牛 1~3 月												
4~6 月												
……												
合计												

注：家畜组别按照饲草食用量划分。

4.3 饲草种植计划

(1) 确定饲草种类

①因地制宜选择适宜草种：根据当地的气候、土壤及农业生产条件，选择适宜的栽培饲草种类或品种，同时应具有高产特性；应选择一些能在早春或晚秋生长和收获的品种，以延长供青期，如玉米。

②要考虑青绿饲料的品质和家畜对青绿饲料的不同要求：应选择鲜嫩、青绿、富含维生素及矿物质，且消化率高、适口性好的青绿饲料种类；为均衡地供应青饲料，并使家畜得到全价的营养，青饲料种类要做到多样化，青饲轮供中牧草的种类不能过少，一

般以 6~8 种为宜，要保证畜禽在不同时期均能采食到两种或两种以上的青饲料。但青饲料种类也不能过多，否则管理繁杂，反而不利于青饲轮供的组织。

③根据利用方式：刈割型草场要选择生长迅速、再生力强、方便机械刈割的直立型草种，以上繁草为主，如紫花苜蓿、无芒雀麦等；放牧型草场要选用抗逆性强、耐践踏、再生性好的饲草，以下繁草为主，如白三叶、草地早熟禾等。

④结合当地的种植制度和产业发展方向：要考虑当地的耕作制度、轮作制度及间、混、套种。例如，西南农区可以采用青贮玉米与饲用燕麦轮作，丘陵山地则可考虑夏季种扁穗牛鞭草，秋季补播多花黑麦草、紫云英、金花菜等冷季型牧草的一种或多种。

⑤要考虑不同季节饲草的均衡供给：青饲料种类要多样化，选择生长季有差异的饲草种植。例如，夏季饲草生长速度快，积累的干物质多，要种植青贮玉米、紫花苜蓿等优质饲料作物；若冬春季青绿饲料的产量无法满足家畜的需要，还应考虑高大型的牧草，经过青贮等手段加工后供家畜冬春季食用。

⑥建立稳固的青饲料生产基地：可集约化生产以降低成本。由于多数养殖场或养殖户没有足够的土地资源用于青饲料的生产，仅靠自身生产青饲料难以有效地组织青饲轮供。因此，应根据市场经济的原则，和当地农户建立供销关系，签订产销合同，建立稳固的青饲料生产基地，以保证青饲料的均衡供应。

(2) 饲草种植计划

饲草种植计划是编制饲草生产计划的中心环节，是解决家畜饲草来源的重要途径（表 1-17）。结合当地的种植制度和生产习惯，对确定饲草的轮作方式、种植面积、种植方式、种植时间和收获时间进行统筹安排，做出大田生产计划。

表 1-17 饲草种植计划

牧草种类	面积/亩*	单产/(t/亩)											
		1月	2月	3月	4月	5月	6月	7月	8月	9月	10月	11月	12月
多花黑麦草	20亩 (→)	-	3	-	4					+	-	-	1
青贮玉米						+	-	-	4				
……													
总产量													
需求量													
差额													
其他													

注：* 1 亩 ≈ 0.067 hm²；+ 表示播种期；- 表示休闲期；→ 表示轮作。在编制种植模式中还会用到以下符号：⊕ 表示混作；/ 表示套作；‖ 表示间作。

5. 实验报告

(1) 制订饲草青饲轮供计划

一牛场位于成都平原，有成年奶牛 100 头，每头牛需要鲜草 50 kg/d，于 1 月出生犊牛 50 头，犊牛 3 个月后开始饲喂鲜草，每头犊牛需要鲜草 10 kg/d，6 月龄时需要鲜草 20 kg/d；现有土地 200 hm²（为典型成都平原冲积土地，地势平坦），试为该牛场制订青饲轮供计划。

(2) 从以下几方面对已完成的饲草青饲轮供计划进行分析评价

种植方案是否能满足全年饲草的供应，月、季间的均衡性如何，应该采取什么措施或如何调整方案达到均衡，所种植的饲草营养性如何，是否能满足家畜的营养需求，所种植的饲草管理及收获成本如何，是否经济。

编写：闫艳红　审稿：龙明秀

二、实习部分

实习 1　人工草地的整地与播种

1. 目的和意义

整地与播种是人工草地建植的第一步，也是直接关系草地建植成败的关键。因大多数牧草种子具有小而轻的特点，所以播种时对苗床的要求特别严格，理想的苗床应达到细碎平整、上松下实、无杂草等标准。运用传统农业技术措施进行整地、播种，在学中做、做中学，不仅有助于学生对表土耕作、基本耕作的概念与理论有更直观的认识和理解，相关实践技能也将得到加强。

本实习要求学生以小组方式，在确保种苗健康、土壤性状一致的情况下完成整地播种环节，1~2周后通过出苗情况总结分析经验或教训，深刻领悟做任何事都必须踏实认真，夯实基本功的重要性。通过本实习，学生的动手能力、处理复杂问题的能力、团队协作能力和"三农"情怀都将得到极大提升。

2. 实习内容

根据人工草地建植目的，选择合适的地块，结合基本耕作和表土耕作，进行整地作业，确保苗床达到细碎平整、无杂草、上松下实等要求，为播种奠定基础；选择适宜的草种，在播种期适宜时进行播种，根据草地建植目的决定播种方式，计算播种量，必要时播前进行种子处理，确保播种质量。

3. 仪器和材料

3.1　仪器设备

微耕机、锄头、钉齿耙、天平（感量 0.01 g）、皮尺等。

3.2　实习材料

各种栽培牧草种子。

4. 实习操作

4.1　地块的选择

人工草地建植应选择地势较平坦、光照充足、便于机械化操作、水源和交通方便、距离居民点和牲畜圈舍较近的地段，便于管理、运输和饲喂。

4.2　翻耕和整地

大多数饲草种子细小，顶土能力弱，苗期生长缓慢，比农作物更需精耕细作。前茬作物收获后或在撂荒土地上，通过深翻、深松和旋耕等基本耕作与浅耕灭茬、耙糖、镇压等一系列表土耕作措施,消灭杂草和残留物,清除石块,修好地埂,达到土壤细碎平整、松紧适度,以保证机械作业或人工播种。

4.3 播种

(1) 种和品种的选择

应选择适应当地气候条件和土壤条件,符合种植人工草地的目的和要求,适应性强、应用效能高的优良牧草种及品种。

(2) 播种期的确定

由于大多数牧草具有种子小、营养物质少、发芽慢等特点,选择对牧草发芽和幼苗生长最有利的时期播种对于人工草地的成功建植非常重要。一般来说,多年生牧草春、夏、秋皆可播种,一年生牧草以春播为主。

牧草播种期受很多因素影响,但主要是温度和水分。北方地区春季气温回升快,优点是越来越接近种子发芽的最佳温度,缺点是春季降雨少、蒸发量大,土壤墒情无保障;夏末秋初即7月中旬至8月上旬以前,雨热资源充足,是牧草播种的最适宜时期。但应注意秋播不宜过晚,距当地早霜出现至少有6周的时间,确保幼苗地上部分及地下根系都能得到充分的生长发育,防止冬春冻害致死,影响安全越冬。

(3) 播种量的计算

$$K = H \times N / X \times P \tag{2-1}$$

式中 K——实际播种量(kg/hm^2);

H——该牧草的理论播种量(kg/hm^2);

N——该牧草在混播中所占的比例(%);

X——该牧草的种子用价(纯净度×发芽率,%);

P——保苗系数。

生产中,为避免因种子质量、环境因素等造成出苗不理想,实际操作中往往会考虑一个保苗系数,即通过超量播种,既能抑制杂草,又能增加牧草饲料作物播种当年的收益。保苗系数取决于牧草种类、种子大小、栽培条件、土壤条件和气候因素,一般在1~10。

(4) 播前种子处理

部分牧草种子具有硬实和休眠现象,有的还带有稃、芒等附属物,需要通过物理、化学等方式进行一定的处理以帮助种子萌发;首次种植的豆科牧草播种时最好进行根瘤菌接种。

(5) 播种深度

影响播种深度的因素主要有牧草种类、种子大小、土壤墒情、土壤类型等。牧草种子通常很小,贮存的营养物质有限,以浅播为宜。但在砂土、干燥的土壤或晚春播种,需要增加播种深度。一般来说,小粒种子以1~2 cm、中粒种子以3~4 cm、大粒种子以5~7 cm为宜;豆科牧草子叶顶土出苗困难,宜浅播。总之,大粒种子可深播,小粒种子宜浅播;干燥土壤稍深,潮湿土壤可浅;土壤疏松可稍深,黏重土壤则宜浅。

(6)播种方式

①单播：是指同一片草地只种一种牧草或饲料作物的种植方式。生产中常采用的播种方法有以下几种。

a. 条播。草地建植中普遍采用的一种方式，尤其机械播种多采用这种方法，是以一定行距一次性完成开沟、播种、覆土的播种方式。一般收获牧草行距为15~30 cm，生产种子行距为45~60 cm。

b. 撒播。是指将所有种子均匀分布在地表的播种方式，草坪建植及飞播多采用这种方式。

c. 穴播或点播。对于单株占地面积较大的大株牧草饲料作物，可以采用穴播的方式，株行距因植物种类而异。

d. 育苗移栽。对有些不产生种子的牧草，一般采用营养繁殖，即用母株的地上匍匐茎或地下根茎等进行繁殖。例如，聚合草、甘薯、马铃薯等。

e. 带肥播种。播种的同时，将肥料条施在种子下4~6 cm处的播种方式。这种方式可以让幼苗根系直接扎入肥料区，有利于提高成活率，促进幼苗快速生长。

f. 保护播种。由于多年生牧草苗期生长发育慢、容易被杂草侵害，通常用1年生农作物作为保护作物进行播种，既可以抑制杂草，又可以多收获一茬农作物。为防止对主作物后期生长造成不利影响，保护作物应具有生育期短、生长快速、分蘖少、不遮阴的特点，常见的保护作物有燕麦、大麦、小黑麦、荞麦、胡麻、油菜等。播种时，多年生牧草的行距不变，在其行间种植保护作物。牧草和保护作物可以同时播种，也可以分期播种。若分期播种，应提前10~15 d播种保护作物，以缩短共生期，减少二者之间的竞争。另外，为防止主次颠倒，一般保护作物的播种量应比其常规播种量减少25%左右。

②混播：是指两种或两种以上生长习性相近的牧草在同一块地上同时播种的方式。除了种子生产采用单播外，以收草或放牧为主的人工草地一般采用混播，生产中常见的是豆科和禾本科牧草的混播。

a. 混播牧草的组分及配比。混播牧草的播种量比单播要大一些，如千粒重相近的两种牧草混播，则每种草的种子用量应占其单播量的70%~80%；3种牧草混播则同科的两种应分别占35%~40%，另外一种要占其单播量的70%~80%。利用年限长的混播草地，豆科牧草的比例应少一些，以保证有效的地面覆盖。详见实验8。

b. 混播方法。

同行播种：将各种牧草种子混合后播于同一行内的播种方式，行距通常为15 cm左右。

间行条播：将混播牧草种子按照一定行间距比例相间种植的播种方式，行距通常为15 cm(窄行)或30 cm(宽行)条播；也可实行宽窄行相间条播，窄行中种植耐阴或竞争力强的牧草，宽行中种植喜光或竞争力弱的牧草。

交叉播种：先将一种或几种牧草播种于同一行内，再将另一种或几种牧草与前者垂直方向播种，一般把性状相似或大小相近的草种混在一起同时播种。

撒播：将多种牧草种子混合后尽可能均匀地撒在土壤表面后，及时耙平、覆土并镇压。大面积适宜飞机撒播或机械撒播，小面积可实行人工撒播。该方法的优点是简单快速，缺点是容易造成种子分布不均，抓苗难度大，既没行距也没株距，不便于田间管理。

(7) 播后注意事项

土壤墒情差时，适度镇压可以增加种子与土壤的紧密接触，这种提墒技术有利于种子萌发，但如果墒情过重则不宜镇压，以防止土壤板结。出苗前一定要保证良好的土壤墒情，及时破除板结，出苗后要注意杂草的防除。

5. 实习报告

以小组形式，共同完成1~2种牧草的整地与播种田间实践作业，每人提交一份实习报告及实习体会。

编写：龙明秀　审稿：王建光

实习2　人工草地测土配方施肥方案的制订

1. 目的和意义

农谚"庄稼一枝花,全靠肥当家",讲的就是农业生产中施肥的重要作用。测土配方施肥是现代农业科学施肥的基本方法,也是人工草地获得高产优质饲草的前提和基础。开展测土配方施肥工作,对于提高饲草产量、降低成本、提高肥料利用率、保持农业生态环境,实现农业可持续发展都具有深远的影响和意义。

本实习旨在指导学生学会人工草地测土配方施肥方案的制订方法,同时培养学生分析和解决生产中遇到的实际问题的能力。

2. 实习内容

以土壤测试和肥料田间试验为基础,根据人工草地饲草需肥规律、土壤供肥性能和肥料效应,在合理施用有机肥料的基础上,提出氮、磷、钾及中、微量元素等肥料的施用数量、施肥时期和施用方法。测土配方施肥技术的核心是调节和解决作物需肥与土壤供肥之间的矛盾。有针对性地补充作物所需的营养元素,作物缺什么元素就补充什么元素,需要多少补多少,实现各种养分平衡供应,满足作物的生长需要;达到提高肥料利用率,提高作物产量,改善农产品品质,节支增收的目的。通过实地考察或资料查询,选定一地作为拟建目标饲草人工草地,依据当地自然条件和栽培条件确定目标产量,利用所得土壤养分数据,查找相应饲草的土壤养分丰缺指标推荐施肥系统,设计一套相应饲草草地施肥方案。

3. 仪器和材料

3.1　仪器设备

土壤采样器、凯氏定氮仪、分光光度计、火焰光度计、电感耦合等离子体(ICP)、GPS定位仪。

3.2　实习材料

土壤样品袋、记录本、记录笔等。

4. 实习操作

4.1　土壤样品采集

(1)采样时期

适宜的采样时期为秋后至开春,或前茬作物收获后、后茬作物播种前。

(2)采样单元

采样单元为 7~14 hm²,即每 7~14 hm² 采集一个混合土样。平原区采样单元可增大为 7~34 hm²,丘陵区采样单元应缩小为 2~5 hm²。

(3)采样地块

采样地块应为采样单元相对中心位置的典型地块,面积为 0.1~1 hm²。

(4)采样点数

采样点数为 10~20 个。

(5)采样路线

采样路线应为"S"形,或梅花形。

(6)采样点位

采样点位应避开路边、田埂、沟边、肥堆等特殊部位。位于垄沟、垄台的采样点数量,应依据垄沟、垄台的面积比例确定。

(7)采样工具

采样工具为土钻。

(8)采样深度

采样深度为 0~20 cm。即采集从地表开始至 20 cm 深度的土壤样品。

(9)样品质量

样品质量为 1.0~2.0 kg。即每个采样单元合成的混合土样质量为 1.0~2.0 kg。若小于 1.0 kg,继续采集土样。若大于 2.0 kg,采用四分法去掉部分多余土样。

(10)样品记录

样品记录为双记录,双标签。即每个混合土样做双份采集信息记录,样品袋内部和外部各附 1 个样品标签。

(11)样品保管

样品存放于阴凉、干燥、通风处。

4.2 土壤养分分析

(1)土壤有机质

重铬酸钾氧化法测定。依照《土壤检测第 6 部分:土壤有机质的测定》(NY/T 1121.6—2006)操作。

(2)土壤全氮

自动定氮仪法测定。依照《土壤检测第 24 部分:土壤全氮的测定 自动定氮仪法》(NY/T 1121.24—2012)操作。

(3)土壤碱解性氮

碱解—扩散法测定。依照《森林土壤水解性氮的测定》(LY/T 1229—1999)操作。

(4)土壤有效磷

紫外/可见分光光度计法测定。依照《土壤检测第 7 部分:土壤有效磷的测定》(NY/T 1121.7—2014)操作。

(5)土壤速效钾

中性乙酸铵溶液浸提、火焰光度计法测定。依照《土壤速效钾和缓效钾含量的测定》(NY/T 889—2004)操作。

(6)土壤有效铜、锌、铁、锰

二乙三胺五乙酸(DTPA)浸提法测定。依照《土壤有效态锌、锰、铁、铜含量的测定 二乙三胺五乙酸(DTPA)浸提法》(NY/T 890—2004)操作。

(7)土壤有效硼

沸水浸提、甲亚胺-H比色法测定。依照《土壤检测第8部分：土壤有效硼的测定》(NY/T 1121.8—2006)操作。

(8)土壤有效钼

草酸-草酸铵浸提、极谱法测定。依照《土壤检测第9部分：土壤有效钼的测定》(NY/T 1121.9—2006)操作。

4.3 确定肥料施用量

(1)确定目标产量

依据当地气候、土壤、栽培管理水平等条件确定目标产量(又称计划产量或预期产量)。

(2)确定养分当季利用率

依据当地施肥技术水平等条件确定氮、磷、钾等养分的当季利用率。以紫花苜蓿磷肥为例，旱作条件下，每年施用1次，当季利用率仅约为15%；滴灌条件下，每茬施用1次或2次，当季利用率可高达35%以上；其他情形下，当季利用率一般为20%~30%。

(3)确定氮肥、磷肥和钾肥施用量

基于测定的土壤养分含量确定其丰缺级别，结合目标产量和氮肥当季利用率，确定全生育期或全年施氮量。紫花苜蓿草地适宜施氮量、施磷量和施钾量检索表见表2-1~表2-3所列。

表2-1 紫花苜蓿草地适宜施氮量检索表

丰缺级别		4	3	2	1
缺氮处理相对产量/%		<80	80~90	90~100	≥100
土壤碱解氮/(mg/kg)		<30	30~50	50~80	≥80
土壤全氮/(g/kg)		<0.4	0.4~0.8	0.8~1.5	≥1.5
土壤有机质/(g/kg)		<5	5~10	10~20	≥20
目标产量/[干草,t/(hm²·a)]	氮肥当季利用率/%	推荐施氮量[N,kg/(hm²·a)]			
6.0	50	≥108	72	36	0
	45	≥120	80	40	0
	40	≥135	90	45	0
	35	≥154	103	51	0
	30	≥180	120	60	0

(续)

目标产量/[干草, t/(hm²·a)]	氮肥当季利用率/%	推荐施氮量[N, kg/(hm²·a)]			
7.5	50	≥135	90	45	0
	45	≥150	100	50	0
	40	≥169	113	56	0
	35	≥193	129	64	0
	30	≥225	150	75	0
9.0	50	≥162	108	54	0
	45	≥180	120	60	0
	40	≥203	135	68	0
	35	≥231	154	77	0
	30	≥270	180	90	0
10.5	50	≥189	126	63	0
	45	≥210	140	70	0
	40	≥236	158	79	0
	35	≥270	180	90	0
	30	≥315	210	105	0
12.0	50	≥216	144	72	0
	45	≥240	160	80	0
	40	≥270	180	90	0
	35	≥309	206	103	0
	30	≥360	240	120	0
13.5	50	≥243	162	81	0
	45	≥270	180	90	0
	40	≥304	203	101	0
	35	≥347	231	116	0
	30	≥405	270	135	0
15.0	50	≥270	180	90	0
	45	≥300	200	100	0
	40	≥338	225	113	0
	35	≥386	257	129	0
	30	≥450	300	150	0

(续)

目标产量/[干草, t/(hm²·a)]	氮肥当季利用率/%	推荐施氮量[N, kg/(hm²·a)]			
16.5	50	≥297	198	99	0
	45	≥330	220	110	0
	40	≥371	248	124	0
	35	≥424	283	141	0
	30	≥495	330	165	0
18.0	50	≥324	216	108	0
	45	≥360	240	120	0
	40	≥405	270	135	0
	35	≥463	309	154	0
	30	≥540	360	180	0
19.5	50	≥351	234	117	0
	45	≥390	260	130	0
	40	≥439	293	146	0
	35	≥501	334	167	0
	30	≥585	390	195	0
21.0	50	≥378	252	126	0
	45	≥420	280	140	0
	40	≥473	315	158	0
	35	≥540	360	180	0
	30	≥630	420	210	0
22.5	50	≥405	270	135	0
	45	≥450	300	150	0
	40	≥506	338	169	0
	35	≥579	386	193	0
	30	≥675	450	225	0
24.0	50	≥432	288	144	0
	45	≥480	320	160	0
	40	≥540	360	180	0
	35	≥617	411	206	0
	30	≥720	480	240	0

(续)

目标产量/[干草, t/(hm²·a)]	氮肥当季利用率/%	推荐施氮量[N, kg/(hm²·a)]			
	50	≥459	306	153	0
	45	≥510	340	170	0
25.5	40	≥574	383	191	0
	35	≥656	437	219	0
	30	≥765	510	255	0
	50	≥486	324	162	0
	45	≥540	360	180	0
27.0	40	≥608	405	203	0
	35	≥694	463	231	0
	30	≥810	540	270	0

表 2-2 紫花苜蓿草地适宜施磷量检索表

丰缺级别		10	9	8	7	6	5	4	3	2	1
缺磷处理相对产量/%		<20	20~30	30~40	40~50	50~60	60~70	70~80	80~90	90~100	≥100
土壤有效磷/(mg/kg)		<0.15	0.15~0.3	0.3~0.6	0.6~1.2	1.2~2.5	2.5~5	5~10	10~20	20~40	≥40
目标产量[干草, t/(hm²·a)]	磷肥利用率/%	推荐施磷量[P₂O₅, kg/(hm²·a)]									
	35	≥93	82	72	62	51	41	31	21	10	0
	30	≥108	96	84	72	60	48	36	24	12	0
6.0	25	≥130	115	101	86	72	58	43	29	14	0
	20	≥162	144	126	108	90	72	54	36	18	0
	15	≥216	192	168	144	120	96	72	48	24	0
	35	≥116	103	90	77	64	51	39	26	13	0
	30	≥135	120	105	90	75	60	45	30	15	0
7.5	25	≥162	144	126	108	90	72	54	36	18	0
	20	≥203	180	158	135	113	90	68	45	23	0
	15	≥270	240	210	180	150	120	90	60	30	0
	35	≥139	123	108	93	77	62	46	31	15	0
	30	≥162	144	126	108	90	72	54	36	18	0
9.0	25	≥194	173	151	130	108	86	65	43	22	0
	20	≥243	216	189	162	135	108	81	54	27	0
	15	≥324	288	252	216	180	144	108	72	36	0

（续）

丰缺级别		10	9	8	7	6	5	4	3	2	1
10.5	35	≥162	144	126	108	90	72	54	36	18	0
	30	≥189	168	147	126	105	84	63	42	21	0
	25	≥227	202	176	151	126	101	76	50	25	0
	20	≥284	252	221	189	158	126	95	63	32	0
	15	≥378	336	294	252	210	168	126	84	42	0
12.0	35	≥185	165	144	123	103	82	62	41	21	0
	30	≥216	192	168	144	120	96	72	48	24	0
	25	≥259	230	202	173	144	115	86	58	29	0
	20	≥324	288	252	216	180	144	108	72	36	0
	15	≥432	384	336	288	240	192	144	96	48	0
13.5	35	≥208	185	162	139	116	93	69	46	23	0
	30	≥243	216	189	162	135	108	81	54	27	0
	25	≥292	259	227	194	162	130	97	65	32	0
	20	≥365	324	284	243	203	162	122	81	41	0
	15	≥486	432	378	324	270	216	162	108	54	0
15.0	35	≥231	206	180	154	129	103	77	51	26	0
	30	≥270	240	210	180	150	120	90	60	30	0
	25	≥324	288	252	216	180	144	108	72	36	0
	20	≥405	360	315	270	225	180	135	90	45	0
	15	≥540	480	420	360	300	240	180	120	60	0
16.5	35	≥255	226	198	170	141	113	85	57	28	0
	30	≥297	264	231	198	165	132	99	66	33	0
	25	≥356	317	277	238	198	158	119	79	40	0
	20	≥446	396	347	297	248	198	149	99	50	0
	15	≥594	528	462	396	330	264	198	132	66	0
18.0	35	≥278	247	216	185	154	123	93	62	31	0
	30	≥324	288	252	216	180	144	108	72	36	0
	25	≥389	346	302	259	216	173	130	86	43	0
	20	≥486	432	378	324	270	216	162	108	54	0
	15	≥648	576	504	432	360	288	216	144	72	0

(续)

丰缺级别		10	9	8	7	6	5	4	3	2	1
19.5	35	≥301	267	234	201	167	134	100	67	33	0
	30	≥351	312	273	234	195	156	117	78	39	0
	25	≥421	374	328	281	234	187	140	94	47	0
	20	≥527	468	410	351	293	234	176	117	59	0
	15	≥702	624	546	468	390	312	234	156	78	0
21.0	35	≥324	288	252	216	180	144	108	72	36	0
	30	≥378	336	294	252	210	168	126	84	42	0
	25	≥454	403	353	302	252	202	151	101	50	0
	20	≥567	504	441	378	315	252	189	126	63	0
	15	≥756	672	588	504	420	336	252	168	84	0
22.5	35	≥347	309	270	231	193	154	116	77	39	0
	30	≥405	360	315	270	225	180	135	90	45	0
	25	≥486	432	378	324	270	216	162	108	54	0
	20	≥608	540	473	405	338	270	203	135	68	0
	15	≥810	720	630	540	450	360	270	180	90	0
24.0	35	≥370	329	288	247	206	165	123	82	41	0
	30	≥432	384	336	288	240	192	144	96	48	0
	25	≥518	461	403	346	288	230	173	115	58	0
	20	≥648	576	504	432	360	288	216	144	72	0
	15	≥864	768	672	576	480	384	288	192	96	0
25.5	35	≥393	350	306	262	219	175	131	87	44	0
	30	≥459	408	357	306	255	204	153	102	51	0
	25	≥551	490	428	367	306	245	184	122	61	0
	20	≥689	612	536	459	383	306	230	153	77	0
	15	≥918	816	714	612	510	408	306	204	102	0
27.0	35	≥417	370	324	278	231	185	139	93	46	0
	30	≥486	432	378	324	270	216	162	108	54	0
	25	≥583	518	454	389	324	259	194	130	65	0
	20	≥729	648	567	486	405	324	243	162	81	0
	15	≥972	864	756	648	540	432	324	216	108	0

表 2-3　紫花苜蓿草地适宜施钾量检索表

丰缺级别		4	3	2	1
缺钾处理相对产量/%		<80	80~90	90~100	≥100
土壤速效钾/(mg/kg)		<50	50~100	100~200	≥200
目标产量[干草, t/(hm²·a)]	钾肥当季利用率/%	推荐施钾量[K₂O, kg/(hm²·a)]			
6.0	60	≥90	60	30	0
	55	≥98	66	33	0
	50	≥108	72	36	0
	45	≥120	80	40	0
	40	≥135	90	45	0
7.5	60	≥113	75	38	0
	55	≥123	82	41	0
	50	≥135	90	45	0
	45	≥150	100	50	0
	40	≥169	113	56	0
9.0	60	≥135	90	45	0
	55	≥147	98	49	0
	50	≥162	108	54	0
	45	≥180	120	60	0
	40	≥203	135	68	0
10.5	60	≥158	105	53	0
	55	≥172	115	57	0
	50	≥189	126	63	0
	45	≥210	140	70	0
	40	≥236	158	79	0
12.0	60	≥180	120	60	0
	55	≥196	131	66	0
	50	≥216	144	72	0
	45	≥240	160	80	0
	40	≥270	180	90	0
13.5	60	≥203	135	68	0
	55	≥221	147	74	0
	50	≥243	162	81	0
	45	≥270	180	90	0
	40	≥304	203	101	0

(续)

丰缺级别		4	3	2	1
	60	≥225	150	75	0
	55	≥246	164	82	0
15.0	50	≥270	180	90	0
	45	≥300	200	100	0
	40	≥338	225	113	0
	60	≥248	165	83	0
	55	≥270	180	90	0
16.5	50	≥297	198	99	0
	45	≥330	220	110	0
	40	≥371	248	124	0
	60	≥270	180	90	0
	55	≥295	196	98	0
18.0	50	≥324	216	108	0
	45	≥360	240	120	0
	40	≥405	270	135	0
	60	≥293	195	98	0
	55	≥319	213	106	0
19.5	50	≥351	234	117	0
	45	≥390	260	130	0
	40	≥439	293	146	0
	60	≥315	210	105	0
	55	≥344	229	115	0
21.0	50	≥378	252	126	0
	45	≥420	280	140	0
	40	≥473	315	158	0
	60	≥338	225	113	0
	55	≥368	246	123	0
22.5	50	≥405	270	135	0
	45	≥450	300	150	0
	40	≥506	338	169	0

(续)

丰缺级别		4	3	2	1
	60	≥360	240	120	0
	55	≥393	262	131	0
24.0	50	≥432	288	144	0
	45	≥480	320	160	0
	40	≥540	360	180	0
	60	≥383	255	128	0
	55	≥417	278	139	0
25.5	50	≥459	306	153	0
	45	≥510	340	170	0
	40	≥574	383	191	0
	60	≥405	270	135	0
	55	≥442	295	147	0
27.0	50	≥486	324	162	0
	45	≥540	360	180	0
	40	≥608	405	203	0

(4) 确定微量元素施用量

土壤微量元素适宜施用量检索表见表2-4所列。

表2-4 土壤微量元素适宜施用量检索表

元素	临界值/(mg/kg)	肥料	4年施肥量/(kg/hm^2)
硼	1.0	硼砂	7~15
锌	1.0	七水硫酸锌	15~30
铁	4.5	硫酸亚铁	30~60
锰	3.0	硫酸锰	15~30
铜	0.2	硫酸铜	7~30
钼	0.15	钼酸铵	0.5~1.0

5. 实习报告

某地拟建植紫花苜蓿人工草地 500 hm^2，干草目标产量为 15 t/(hm^2·a)。土壤检测结果：土壤质地壤质偏砂，pH 7.8，全盐含量 0.8 g/kg，有机质、全氮、碱解氮、有效磷、速效钾、有效铜、有效锌、有效铁、有效锰、有效钼和有效硼含量依次为 X_1、X_2、X_3、X_4、X_5、X_6、X_7、X_8、X_9、X_{10} 和 X_{11}（具体数值由指导老师提供）。基于所学测土配方施肥知识和紫花苜蓿生产知识，设计一套紫花苜蓿草地施肥方案，要求包括实习目的和意义、实习地点、实习内容和方法、实习结果及实习结论。

编写：张运龙　审稿：王建光

实习 3 牧草出苗率调查

1. 目的和意义

"有苗三分收,无苗一场空"这是人们在长期农业生产实践中得出的生动总结。出苗率的高低是衡量牧草及饲料作物生长的重要指标之一,直接影响生产的产量和效益,在牧草生产和人工草地建植中起着至关重要的作用。牧草出苗率指种子破土出苗的数量占播种种子数的百分比,出苗率的高低由种子的质量和外部环境条件及种植技术等决定。

本实习要求学生以小组方式,熟悉田间取样的方法,理解基本苗对群体的影响及对栽培的重要意义。掌握田间出苗率调查的方法,能够根据出苗率调查结果,采取合理的管理措施。

2. 实习内容

测定出苗率,选择当年播种或上年播种的草地或试验小区,随机选取 1 m×1 m(或 50 cm×50 cm)的样方,做好标记。当50%左右的幼苗露出地面时,根据地形采取不同的取样方法,计数各样方的基本苗数,求出平均苗数,再折算出每公顷的苗数,进而可求出田间出苗率。

3. 仪器和材料

3.1 仪器设备

皮尺(米尺)、1 m^2 或者 50 cm^2 的样方框等。

3.2 实习材料

不同出苗情况的新建人工草地、铅笔、记录本等。

4. 实习操作

4.1 田间取样方法

田间取样就是在大田选择具有代表性植株的过程。

(1)选取样点

选取的样点要有代表性,应避开条件特异的地方。样点的数目及面积要根据牧草幼苗的生长整齐度,地块大小及人力而定。一般遵循以下几个原则:

①地段地形复杂时,多设几个样点;反之则少设。

②面积越大,设点越多。

③生长整齐、成熟一致的地块可以少设；反之，则应该增加样点数。

④品种越多，设点越多。

总之，在样点设置的原则上要灵活掌握，一般试验小区至少3个点，生产田选5个点或更多，确保调查结果的精确性。

(2) 取样方法

在一块地中，取样方法一般有如下几种。

①梅花形取样法：梅花形取样法适应于地块不大、整齐性较好的地块。先确定对角线的中点作为中心取样点，再在对角线上选择4个与中心样点距离相等的点作为样点。

②对角线取样法：对角线取样法的调查取样点全部在田块的对角线上，可分为单对角线取样法和双对角线取样法两种。单对角线取样法是在田块的某条对角线上，按一定的距离选定所需的全部样点。双对角线取样法是在田块四角的两条对角线上均匀分配调查样点取样。

③棋盘式取样法：棋盘式取样法是指将所调查的田块均匀地划成许多小区，形如棋盘方格，然后将调查取样点均匀分配在田块的一定区块上。

对角线取样法和棋盘式取样法适应于地块较大和整齐性较差的样地。每一个样地必须距地边3 m以上，不能将有特殊表现的地方选作样点，样点在田间的分布要相对均匀。

4.2 田间出苗率调查

(1) 调查方法

牧草种子萌发后，幼苗露出地面称为出苗，有50%的幼苗露出地面时，称为出苗期。本实习每样点取两行长度为1 m的行，两端标记，数其内苗数。测量平均行距，然后计算出单位面积的出苗数，最后根据单位面积有效种子粒数(理论出苗数)，进而可求出田间出苗率。

$$田间出苗率(\%) = \frac{每公顷基本苗}{每公顷有效种子粒数} \times 100 = \frac{样点平均苗数}{样点内有效种子粒数} \times 100 \quad (2-2)$$

(2) 出苗率调查

牧草田间出苗率调查结果填入表2-5中。

表2-5 牧草田间出苗率调查结果

样地名称	样点苗数									每公顷苗数	出苗率/%
	1	2	3	4	5	6	…	合计	平均		
1.											
2.											
3.											
…											

5. 实习报告

以小组合作形式，完成 2~3 种牧草的出苗率调查，每人提交一份实习报告。实习报告要求包括实习目的和意义、实习地点、实习内容和方法、实习结果及实习结论。

编写：韩　博　审稿：孙娈姿

实习 4 牧草越冬率测定

1. 目的和意义

越冬率是我国北方地区越冬前后田间调查最重要的指标之一,是指牧草经过冬季后能够存活并正常返青的植株占整个调查植株的比例。越冬率是衡量牧草生产性能的一个重要指标,也是作为牧草品种筛选和引种生态适应性评价的重要生物学性状。影响牧草越冬性的因素包括当年秋冬季的环境胁迫(如冷害、寒害、干燥、冰封等)和翌年返青期的环境胁迫,同时,也与土壤耕作的田间管理技术密切相关。

本实习要求学生以小组方式,学习越冬率调查的取样方法,学会判断多年生牧草是否枯死的标准,掌握牧草越冬率的测定方法,为安全越冬的田间管理措施提供参考和决策依据。

2. 实习内容

测定越冬率,要在冬季土壤冻结前选择当年播种或上一年播种的草地或试验小区,确定若干个 1 m×1 m(或 50 cm×50 cm)的样方,做好标记,查明株数。例如,条播可分别选择若干代表性 1 m 样段,查明每行株数,做好标记。翌年春季当土壤解冻,牧草开始返青前后,即可定位计数返青植株数。可用铁锹、小铲取掉植株周围的土,露出根茎部,并使各植株之间彼此分离而便于计数。

3. 仪器和材料

3.1 仪器设备

皮尺(米尺)、1 m² 或者 50 cm² 的样方框、样线、铁锹、小铲等。

3.2 实习材料

不同品种的多年生牧草材料圃(根据实际情况选择)。

4. 实习操作

4.1 样地选择

多年生牧草枯黄前,对目标样地的牧草进行存活植株数测定。要求在田间长势均匀的地段进行测定,若为撒播,可根据样地面积大小选择 1 m² 或者 50 cm² 的样方;若为条播,则利用样线等距离选 2~3 个 1 m 的样段进行植株存活率的测定,且最好为翌年越冬率测定做好标记。

4.2 测定时间

一般选择在土壤解冻后、牧草返青 1 周左右进行第一次越冬率的测定，其后可每隔 7 d 或者 15 d 进行定期监测。

4.3 测定方法

在上一年测定植株存活数标记的样方或者样段上，统计返青的植株数（$N_{返青}$），如难以判断地上相邻植株是否属于两个完整独立的植株，用铁锹或者小铲去掉植株周围的土，根据其根茎部生长情况进行判定。公式如下：

$$越冬率(\%) = N_{返青}/N_{存活} \times 100 \tag{2-3}$$

如上一年没有进行植株存活的测定，在牧草返青后，选择田间长势均匀的地段确定选择用样方还是样段进行测定，对选定的所有植株，用铁锹或者小铲去掉植株周围的土，露出根茎部，并使各植株之间彼此分离而便于计数。检查存活植株数（$N_{存活}$）和死亡植株数（$N_{死亡}$），两者之和为植株总数。公式如下：

$$越冬率(\%) = \frac{N_{存活}}{N_{存活} + N_{死亡}} \times 100 \tag{2-4}$$

5. 实习报告

以小组合作形式，完成 2~3 种牧草的越冬率测定，每人提交一份实习报告。实习报告要求包括实习目的和意义、实习地点、实习内容和方法、实习结果及实习结论。

编写：韩　博　审稿：孙姿姿

实习 5　牧草及饲料作物生育时期观测与记载

1. 目的和意义

牧草及饲料作物的生育时期是指在其生长发育全过程中,根据其外部形态特征呈现的显著变化而划分的几个生育阶段。了解牧草在一定地区生长发育各时期的进程及其与环境条件的关系,有利于及时采取相应的措施促进高产,同时也便于进一步掌握牧草的特征特性,为生长发育规律引种优良品种以及制订正确的农业技术措施等提供必要的资料。因此,其在农业生产(农业气象预报、牧草区域化的制订、新品种的推广)和科学研究中都具有重要的意义。

通过本实习可帮助学生了解牧草生育时期鉴定与观测的意义,熟悉并掌握主要栽培牧草进入每一生育时期形态特征的鉴定标准。

2. 实习内容

以当地禾本科、豆科牧草及饲料作物为实习对象,对其生育时期进行观察记载,掌握几种栽培牧草进入各生育时期形态特征的鉴定标准,了解几种栽培牧草在本地区的生育规律。

3. 仪器和材料

3.1 仪器设备

生育时期记载表、钢卷尺、计算器、铁锹等。

3.2 实习材料

不同种、不同生活年限的栽培牧草及饲料作物。

4. 实习操作

4.1 观察标准

生育时期的记载标准是以出现某个生育特征的植株数达到草地全部植株数 50% 的日期作为该生育时期的标准记载日。此外,规定达到 20% 的日期为始期,80% 的日期为盛期。记载日期用"年-月-日"数字表示。

4.2 观察时间与方法

根据植物生长发育速度,每隔 2 d 或 4~5 d 观察一次。观察生育时期的时间和顺序要固定,一般在观察日下午进行。

(1) 目测法

在牧草田选择具有代表性的植株 1 m^2,进行目测估计。

(2)定株法

在牧草田内选择具有代表性的 4 个样点,每个样点选择 25 株植株并标记,4 个样点共 100 株。观察进入某一生育时期的植株数,然后计算百分率。

$$某一生育时期(\%) = 进入某一生育时期的植株数/总植株数 \times 100 \quad (2\text{-}5)$$

4.3 记载指标

(1)生育天数

从出苗或返青期到种子成熟或收获时期的天数。

(2)生长天数

从出苗或返青期至枯黄期的天数。

(3)株高

每小区随机选择 10 株,测量其从地面到植株生长顶端的绝对高度。每个生育时期都需要测定,成株高度一般在禾本科牧草的抽穗期或豆科牧草的现蕾至初花期测定。

4.4 不同类型牧草饲料作物生育时期的划分标准

(1)禾本科牧草及饲料作物

①播种期:实际播种日期。

②出苗期(返青期):种子萌发后幼芽露出地面呈绿色时的为出苗期;越年生、2年生和多年生禾本科牧草和饲料作物越冬后萌发呈绿色时为返青期。

③分蘖期:是指由禾本科植株主茎基部第一分蘖节长出分蘖的时期。

④拔节期:是指位于植株主茎基部的植株第一茎节露出地面 1~2 cm 的时期。

⑤孕穗期:是指禾本科植物旗叶叶片全部抽出叶鞘,叶鞘内幼穗明显膨大时的时期。此时茎秆中上部呈纺锤形。

⑥抽穗期:是指幼穗从茎秆顶部叶鞘中露出,但未授粉的时期。

⑦开花期:是指穗中部小穗花瓣张开,花丝伸出颖外,花药成熟散粉,具有受精能力的时期。

⑧成熟期:是指禾本科牧草受精后,胚和胚乳开始发育,进行营养物质转化和积累过程的时期。

禾本科牧草的成熟又分 3 个阶段:

乳熟期:穗籽粒已形成并接近正常大小,淡蓝色,内部充满乳白色液体,含水量在 50%左右。

蜡熟期:穗籽粒和颜色接近正常,内具蜡状硬度,易被指甲划破,腹沟尚带绿色,茎秆除上部 2~3 节外,其余全部黄色,含水量减少至 25%~30%。

完熟期:茎秆变黄,穗中部小穗的籽粒已接近本种(品种)所固有的形状、大小、颜色和硬度。

⑨枯黄期:植株叶片由绿变黄变枯,称为枯黄,当植株的叶片达 2/3 枯黄时为枯黄期。

以小黑麦(*Triticale rimpau*)为例,禾本科牧草主要生育时期如图 2-1 所示。

图 2-1　禾本科牧草主要生育时期

(2) 豆科牧草及饲料作物

①出苗期(返青期)：种子萌发子叶露出地表(子叶出土型牧草)或真叶伸出地表(子叶留土型牧草)芽叶伸直的日期为出苗期。越年生、2年生和多年生豆科牧草和饲料作物越冬后萌发绿叶开始生长的日期为返青期。

②分枝期：是指植株主茎基本第一侧芽生长发育成带有小叶的侧枝时期。

③现蕾期：植株上部叶腋开始出现花蕾的时期。

④开花期：植株上花朵旗瓣和翼瓣张开的时期。

⑤结荚期：植株上个别花朵凋谢后，挑开花瓣能见到绿色幼荚的时期。

⑥成熟期：荚果脱绿变色(呈黄、褐、紫、黑等颜色)，变成原品种固有色泽和大

小、种子成熟坚硬的时期。此时,用手压荚有裂荚声,有些种摇动植株有响声。

以紫花苜蓿为例,豆科牧草主要生育时期如图 2-2 所示。

图 2-2　豆科牧草主要生育时期

(3) 块根块茎类饲料作物

①块根(茎)膨大期:有 50% 的植株块根(茎)开始膨大的时期。

②抽薹期:有 50% 的植株抽薹的时期。

③开花期、结实期:同禾本科牧草。

5. 实习报告

每位同学观察豆科、禾本科和块根块茎类饲料作物的生育时期各 2~3 种,填入相应的表格内(表2-6~表2-8),每人提交一份实习报告。

表2-6 禾本科牧草和饲料作物田间观察记载

小区号	牧草名称	播种期	出苗期(返青期)	分蘖期	拔节期	孕穗期	抽穗期	抽穗期株高/cm	开花期	成熟期 乳熟 蜡熟 完熟	完熟期株高/cm	生育天数/d	枯黄期	生长天数/d	备注

表2-7 豆科牧草和饲料作物田间观察记载

小区号	牧草名称	播种期	出苗期(返青期)	分枝期	现蕾期	现蕾期株高/cm	开花期 始花 盛花	开花期株高/cm	结荚期	成熟期	成熟期株高/cm	生育天数/d	枯黄期	生长天数/d	备注

表2-8 块根块茎类饲料作物田间观察记载登记

小区号	牧草名称	播种期	出苗期	块根(茎)膨大期	块根(茎)收获期	产量/(kg/hm²) 地上部 地下部	母根种植期	萌发期	抽薹期	开花期	结实期	种子采收期	种子产量/(kg/hm²)	生育天数/d

编写:南丽丽 审稿:韩 博

实习6 牧草分蘖分枝习性观测与记载

1. 目的和意义

牧草从分蘖节和根茎节长出侧枝的现象称为分蘖（常见于禾本科牧草），从根颈和腋芽上长出侧枝的现象称为分枝（常见于豆科牧草）。牧草枝条的形成以及放牧、刈割利用后枝条的再生，主要是以分蘖和分枝的方式进行的。牧草分蘖分枝数的多少不仅与播种密度、混播比例及栽培管理有关，而且与其自身的分蘖、分枝能力密切相关，从而直接影响牧草产量。

通过本实习，学生应学会分蘖节、根颈的辨识方法，掌握禾本科牧草的分蘖和豆科牧草的分枝习性观测与记载方法，能根据利用目的选择合适的牧草及相应品种。

2. 实习内容

分蘖是禾本科牧草特殊的分枝方式，它是从靠近地面的茎基部产生的分枝，并在其基部产生不定根，分蘖以一级分蘖（主茎基部分蘖节上生长的分蘖芽）和二级分蘖（一级分蘖基部产生的新分蘖芽）为主，条件良好时可形成第三级、第四级分蘖，形成许多丛生的分枝。分蘖节位是指发生分蘖的节位，是从根系基部到第一个具有充分分蘖能力的节点的位置，分蘖节位是衡量牧草分蘖能力和农艺措施实施时机的重要指标。

豆科牧草主茎基部与根系的连接处肥厚膨大的部分称为根颈，由根颈处产生的分枝称为一级分枝，由一级分枝腋芽处产生的枝条为二级分枝，以此类推。根蘖型豆科牧草，其分枝一部分由根颈处产生，但大部分由根蘖处长出。常见的分枝方式主要包括单轴分枝、合轴分枝和假二叉分枝，其中单轴分枝主干明显，侧枝从主干上生长出来，但侧枝不会再次分枝，形成单轴的分枝结构；合轴分枝的特点是主干和侧枝都较为明显，侧枝的生长点会逐渐代替主干，形成较为复杂的分枝结构；假二叉分枝的特点是每个枝条在生长到一定长度后，会在顶部再次分出两个枝条，形成二叉的分枝形态。豆科牧草分枝级别确定采用离心式的方法，将植株主干定为0级，同期从主干分出的分枝定为Ⅰ级，由Ⅰ级枝同期分出的分枝定为Ⅱ级，依此类推。

本实习要求学生学会禾本科牧草分蘖级别、数量和分蘖节位，以及豆科牧草分枝级别、数量和角度等的观测与记载，从而了解不同牧草的生产潜能。

3. 仪器和材料

3.1 仪器设备

铁锹、镊子、刀片、解剖镜、土壤刀等。

3.2 实习材料

根据实际情况选取主茎8叶以上,带有分蘖或分枝的多年生牧草地上地下全株若干。

4. 实习操作

4.1 牧草分蘖或分枝观测记载

常采用以下两种方法进行牧草的分蘖或分枝特性观测:①在测定过产草量的样方内取代表性植株10株,连根拔出(5~10 cm 根即可),统计每株分蘖(分枝)数,取平均值。②另取代表性样段三行,每行内取50~100 cm,然后数每行样段内每一单株的分蘖(分枝)数,求平均值。

一般将开始分蘖分枝的植株达20%时称为分蘖或分枝始期;达50%时为分蘖期或分枝期;达80%时为分蘖或分枝盛期。

4.2 禾本科牧草分蘖记载

依据牧草分蘖类型,判别所选择牧草的分蘖型,辨明主茎及分蘖的级别、节位和数量,记入表2-9。

表2-9 禾本科牧草分蘖特性记载

材料名称(生育时期)	分蘖级别	分蘖节位/cm	分蘖数量
	1.		
	2.		
	3.		
	…		
合计			

4.3 豆科牧草分枝记载

选择1种代表性豆科牧草植株,观测其分枝状况,记入表2-10。

表2-10 豆科牧草分枝特性记载

| 材料名称(生育时期) | 分枝方式 | 侧枝 | | |
		分枝级别	分枝数量	分枝角度
		1.		
		2.		
		3.		
		…		
合计				

5. 实习报告

以小组形式,完成两种牧草的分蘖或分枝观测记载,每人提交一份实习报告。

编写:韩　博　　审稿:闫艳红

实习7 混播草地种间竞争力的测定与分析

1. 目的和意义

种间竞争的实质是一个种的个体由于另一个种的个体对共同资源的利用或干扰从而引起的在生殖、存活和生长等方面能力的上升或下降。混播草地中既存在营养竞争也存在光和空间竞争，种间竞争的结局若未稳定共存，则会竞争排除另一种类，不仅影响混播群落结构和功能的稳定性，也影响混播草地的产量和质量。人工混播草地的群落结构较为简单，种类组成相对较少，要达到混播草地的高产稳产目的，就需对其种间的竞争机制进行测定与分析。

本实习要求学生以小组形式，学习利用竞争力相关指标测定与分析混播草地竞争力的方法，并实际操作混播草地竞争力的测定过程。

2. 实习内容

本实习将基于已建植混播草地，经过综合测定、分析和指标计算，分析该混播草地的种间竞争力，探究草种组合的群落稳定程度、混播生产力的高低与种间生态位的重复性。本实习使用相对总产量（relative yield total，RYT）与竞争力系数（competitive ratio，CR）指标进行基本的评价分析，分析草种生态位，以明确混播草地组合的配合是否合理，能否发挥混播优势。同时，建议辅以生态位宽度（niche breadth，NB）与生态位重叠（niche overlap，NO）进一步展示并量化种间关系。

3. 仪器和材料

3.1 仪器设备

计算器/计算机、烘箱、镰刀或剪刀等。

3.2 实习材料

记录笔、记录本/记录表格、取样用纸袋、塑料袋或编织袋等。

4. 实习操作

4.1 混播草地条件调查

充分调查实习所在地混播草地的种植时间、草种组合比例、播种量及用途，并结合该草地的基本状况进行统筹计划安排，以2~4个草种组成的混播草地作为实习地点（有单播对照小区为佳），在旺盛生长期中期至结束或临近刈割期至割草期结束前，拟订此混播草地竞争力的测定与分析实习。

4.2 牧草地上生物量(产草量)测定

采用随机取样的方式测产。去除小区可能受到边际效应的边行及两端(1~3边行及两端30~60 cm),其余草地面积内各小区随机取样3~4个重复样方,每个样方的面积大小为1~2 m²。

使用镰刀或剪刀齐地面刈割并记录小区编号、处理、日期等信息,立即称重为鲜草产量。各样品中取500 g的鲜草代表小样,或直接将整个样品中各混播草种分开,分别放入烘箱内,105℃杀青10 min。然后,65℃烘24 h后称重,继续烘2 h后称重,直至恒重,记为该代表小样中某草种的风干物质量。

根据取得样品中各草种的风干物质量,利用计算器计算单位面积的产草量:

$$Y_{ij,i} = \frac{DM_i/500 \times FM}{S} \div \frac{1}{10} \tag{2-6}$$

式中 $Y_{ij,i}$——草种i于i、j混播草地中的单位面积产草量(kg/hm²);
DM_i——代表小样中草种i的植株风干物质量(g);
FM——样品鲜重(g);
S——取样面积(m²)。

计算各重复的产草量平均值,即为某处理中各草种的单位面积产草量。测定单播小区时,各样品中500 g的鲜草代表小样或整个样品烘干后的风干物质量,即可套用式(2-6)计算单位面积产草量。相同处理的各重复所得数值平均后即为该处理的产草量。

4.3 相对总产量RYT计算与分析

(1) RYT测定与计算

RYT表示混播群体总产量与各草种单播时产量加权平均值的比,说明植物种间的相互关系和对环境资源的利用情况。当要测定的草地没有各草种单播的处理小区,或无法采用其他方式取得单播草地的产量数据时,RYT无法计算。

混播草地由两种草种i与j组成,且具备各草种的单播处理小区时,相对总产量的计算如下:

$$RYT = \frac{Y_{ij,i}}{Y_{ii}} + \frac{Y_{ij,j}}{Y_{jj}} \tag{2-7}$$

式中 RYT——相对总产量;
$Y_{ij,i}$——i、j混播时i的单位面积产草量(kg/hm²);
$Y_{ij,j}$——i、j混播时j的单位面积产草量(kg/hm²);
Y_{ii}, Y_{jj}——i、j单播时的单位面积产量(kg/hm²)。

以此类推,当混播草地由3种草种i、j、k组成时,相对总产量计算如下:

$$RYT = \frac{Y_{ijk,i}}{Y_{ii}} + \frac{Y_{ijk,j}}{Y_{jj}} + \frac{Y_{ijk,k}}{Y_{kk}} \tag{2-8}$$

式中 $Y_{ijk,i}$, $Y_{ijk,j}$, $Y_{ijk,k}$——i、j、k混播时i、j与k的单位面积产量(kg/hm²);
Y_{ii}, Y_{jj}, Y_{kk}——i、j、k单播时的单位面积产量(kg/hm²)。

(2) RYT 数值分析

当 $RYT>1$ 时,说明种间干扰小于种内干扰,混播组分可以利用部分不同的资源,减少种间竞争,各个混播组分有某种程度的生态位分化,表现出一定的共存关系。当 $RYT=1$ 时,混播组分共同利用了部分资源,环境资源没有得到充分利用。当 $RYT<1$ 时,混播组分争夺共同的资源,表现出相互竞争的种间关系,不适宜混播种植。

4.4 种间竞争力计算与分析

(1) CR 测定与计算

CR 在没有各草种单播的处理小区,或无法采用其他方式取得单播草地的产量数据时无法计算。CR 属于两个草种间的比较值,例如,当混播草地由两种草种 i 与 j 组成时,草种 i 相对于 j 的竞争力系数 CR 计算如下:

$$CR_{i,j} = \frac{Y_{ij,i}/Z_{ij,i} \times Y_{ii}}{Y_{ij,j}/Z_{ij,j} \times Y_{jj}} \tag{2-9}$$

式中 $Y_{ij,i}$,$Y_{ij,j}$——i、j 混播时 i 与 j 的单位面积产量(kg/hm²);

$Z_{ij,i}$,$Z_{ij,j}$——混播中草种 i、j 所占的比例(%);

$CR_{i,j}$——草种 i 相对于 j 的竞争力系数。

CR 可衡量混播中各组分的竞争力的大小。当 $CR_{i,j}>1$ 时,表明草种 i 的竞争力强于 j;当 $CR_{i,j}=1$ 时,则 i 与 j 的竞争力相当;当 $CR_{i,j}<1$ 时,则 i 的竞争力弱于 j。

(2) 3 种以上草种混播草地的 CR 计算分析

若混播草地由 3 种草种 i、j、k 组成时,可进一步计算 $CR_{i,k}$ 或 $CR_{j,k}$,从而进行竞争力大小的排列。例如,当 $CR_{i,j}>1$ 且 $CR_{j,k}>1$,则 i、j、k 的竞争力大小排列为 $i>j>k$;当 $CR_{i,j}>1$ 且 $CR_{i,k}<1$,则 i、j、k 的竞争力大小排列为 $k>i>j$。更多草种组合的混播草地的 CR 计算可参考上述方法进行。

4.5 生态位宽度 NB 与生态位重叠 NO 计算(选做)

(1) NB 测定与计算

计算 NB 与 NO 不需要单播草地的产量数据,但需进行随机样方调查以取得计算所需的其他数据。

通过样方面积为 1 m² 的多重随机取样调查(各小区 3~4 次重复),首先需要获得的指标数据为各样方的重要值(importance value,IV)。重要值 IV 的计算方法十分多样化,本实习只给出 CURTIS 经典公式:

$$IV_{i,x} = (Dr+Cr+Pr)/3 \tag{2-10}$$

式中 $IV_{i,x}$——草种 i 于样方 x 中的重要值;

Dr——样方内每个种的相对密度,即样方内某草种植株的总数与所有植株数量的比值;

Cr——相对盖度,即某草种的分盖度占所有草种分盖度之和的比值;

Pr——相对优势度,即某草种基面积之和与所有草种基面积之和的比值。

NB 的计算公式如下:

$$NB_i = 1 \Big/ \sum_{x=1}^{r} P_{i,x}^2 \qquad (2\text{-}11)$$

$$P_{i,x} = \frac{IV_{i,x}}{IV_x} \qquad (2\text{-}12)$$

式中　NB_i——草种 i 的生态位宽度；

　　　$P_{i,x}$——草种 i 于样方 x 的重要值比例(%)；

　　　IV_x——样方 x 所有草种的重要值之和(样方内总和为1)；

　　　r——样方数量。

NB 可指被生物所利用的各种不同资源的总和，具有更高生态位宽度的牧草混播组合，其对资源的利用广度提高，实际被利用的资源占整个资源谱的比例较高。

(2) NO 测定与计算

生态位重叠 NO 为两个草种之间的相对值，本实习以 PIANKA 公式计算：

$$NO_{i,j} = \frac{\sum_{x=1}^{r} P_{i,x} P_{j,x}}{\sqrt{\left(\sum_{x=1}^{r} P_{i,x}\right)^2 \left(\sum_{x=1}^{r} P_{j,x}\right)^2}} \qquad (2\text{-}13)$$

式中　$NO_{i,j}$——混播草地中草种 i 与 j 的生态位重叠；

　　　$P_{i,x}$，$P_{j,x}$——草种 i、j 于样方 x 中的重要值比例(%)；

　　　r——样方数量。

NO 表示不同草种由于利用相同资源而产生的重叠程度(0~1)，生态位重叠度越高，其利用相同资源的程度越高，越不适宜组成混播组合。

5. 实习报告

以小组形式，于实习所在的 2~4 个草种组成的混播草地完成混播草地竞争力的测定与分析。根据实习内容撰写实习报告，要求包括实习目的和意义、实习地点、实习内容和方法、实习结果及实习结论。每人提交一份实习报告，实习结果需阐述所测定混播草地的基本状况(所在地、混播组合设置、播种量等)、指标测定与竞争力分析的结果。

编写：杨　轩　审稿：闫艳红

实习 8　利用根系扫描仪测定饲草根系形态及其产能潜力分析

1. 目的和意义

植物根系与产量密切相关，其形态构型的变化在一定程度上反映了生长发育的规律和植物对土壤水分、养分有效性及环境变化的适应性。开展植物根系形态学的研究，对掌握根系生长规律、选择优良品种、优化植物栽培技术、制订合理的农艺措施等有重要的理论指导意义。随着科技兴农及农业信息化的发展，计算机视觉技术被越来越广泛地应用于农业领域。WinRHIZO 根系扫描仪是一款基于图像识别技术的根系分析仪器，能有效解决根系测量分析困难、效率低等问题，为开展根系植物生理研究提供了重要技术支持。

本实习旨在通过学习掌握利用根系扫描仪测定饲草根系形态的原理和基本方法，为提高饲草生产潜能奠定理论基础。

2. 实习内容

利用 WinRHIZO 根系扫描仪测定不同干旱胁迫程度下黑麦草根系形态的变化。

3. 仪器和材料

3.1　仪器设备

WinRHIZO 根系扫描仪。WinRHIZO 软件可读取 TIFF、JPEG 标准格式的图像，采用非统计学方法测量计算出交叉重叠部分根系长度、面积等基本的形态学参数；利用软件的色彩等级分析功能，可对根系颜色进行分析，从而确定根系存活数量；利用软件的高级分析功能，可对完整的植物根系图像进行根系连接分析、根系拓扑分析和根系分级伸展分析等，从而满足研究者对植物根系不同类别和不同层次的研究。

3.2　实习材料

充足灌水、中度干旱及重度干旱胁迫 30 d 后的黑麦草根系。

4. 实习操作

4.1　根系扫描

用自来水清洗干净待测根系，将根系放入根盘内，用玻璃棒轻轻拨开根系，使根系呈分散状态，再用吸水纸吸干根系表面水分，之后将根系置于扫描胶片上，打开扫描仪盖子，放入胶片并调整其位置，使其平

实习 8　视频

铺于扫描仪，合上盖子准备扫描。

①点击"EPSONScan"扫描仪图标。
②默认相关设置。
③点击左下角空白处预览图像。
④确认图像成像良好，点击右下角开始扫描。
⑤设置图片位置并命名文件。

4.2 根系分析

①将根系分析系统密钥插入电脑。
②点击根系分析系统图标，开始分析根系。
③选择目标文件夹打开已扫描图片，点击左下角缩放图标调整图片到适当大小。
④用鼠标点击形成一个四边形图框，将需要分析的根系框入；点击"Create one"建立文本文件，存入分析数据，使用 Excel 打开即可查看数据。

4.3 数据记录

对扫描结果进行分析，并完成表 2-11。

表 2-11 植物根系形态指标记载

处理	胁迫程度	重复	根总长/cm	平均直径/cm	总面积/cm²	总体积/cm³	根尖数/个	分叉数/个
植物名称	正常	Ⅰ						
		Ⅱ						
		Ⅲ						
	中度胁迫	Ⅰ						
		Ⅱ						
		Ⅲ						
	重度胁迫	Ⅰ						
		Ⅱ						
		Ⅲ						

5. 实习报告

完成并提交一份实习报告。需详细记录实习的主要内容与过程，重点阐述植物根系针对干旱胁迫采取的适应策略，不同程度干旱胁迫下饲草根系形态之间有何异同，并分析其与产量之间的关系，重点讨论生产中可通过哪些栽培技术措施提高旱作农业区的饲草产量。

编写：何树斌　审稿：何学青

实习 9　利用叶面积仪测定牧草叶面积及其产能潜力分析

1. 目的和意义

叶片是植物进行光合作用和蒸腾作用的重要器官,其生长发育状况与植物的抗逆性和产量与品质的形成有直接的关系。通过植物叶片光合作用增加吸收 CO_2 的量和释放 O_2 的量,提升生态系统碳汇能力。叶面积不仅影响光合净积累的大小,同时又是牧草产量构成的直接体现。

本实习通过测定牧草叶面积,分析其对牧草的光合及栽培生理影响,提前制订合理的栽培模式。通过提升牧草及饲料作物的产能来降低 CO_2,对实现"双碳"目标具有重要的应用价值。

2. 实习内容

对于牧草而言,叶片的大小、形状、边缘等特质的复杂程度差异很大。因此,关于叶面积的测定方法很多,常见的叶面积测定方法主要有方格法、称重法、图像像素法、回归方程法、辛普森公式法和叶面积仪测定法等。不过在现代牧草研究中,应用比较广泛的方法是利用植物叶面积仪对叶片面积及相关参数进行检测。

植物叶面积仪是一种使用方便,可以在野外工作的便携式叶面积测量仪器。利用其他方法测定叶面积及叶片的其他参数时,需要将叶片采摘下来,这会影响植物的生长及测量的准确度,而利用叶面积仪检测牧草的叶面积,则无须采摘牧草叶片,可以直接测量,能够做到无损伤检测,不影响植物的生长,同时有关叶面积测量参数也不需要进行人工检测,在一定程度上减轻了工作压力,提高了叶面积测量工作的效率。该仪器使用起来也较为简单,检测时,只需要将叶片夹在仪器的夹板中,缓缓向后拖动,仪器会自动扫描分析出叶面积等相关测量参数。

3. 仪器和材料

3.1　仪器设备

便携式叶面积仪。

3.2　实习材料

在试验地中选择多种禾本科、豆科和其他科牧草饲料作物及其不同生育时期的植物叶片、吸水纸等。

4. 实习操作

4.1 选取待测牧草叶片

在待测牧草植株上选取具有代表性的叶片10片，用叶面积仪进行参数的测定。

实习9 视频

（1）测定步骤

①对叶面积仪进行开机：按【On/Off】键，听鸣声和观看指示灯。

②测量设置：在仪器主界面下，进入功能菜单设置文件名，测量项和系统时间日期。

③测量前准备：将待测叶片用吸水纸擦拭干净后平铺在叶面积仪底面白板和高透塑料薄膜之间，叶片应尽量居中放置，不要太靠近标尺或底板右边的边界线，保证叶片被完整扫描。注意叶片的长和宽与底板的长宽方向一致，以确保扫描数据的一致性。

④扫描测量：将主机轻轻压在高透薄膜上，主机机壳上部与底板上边界对齐，左边贴近底板左侧的滑动挡轨按下【扫描】键从上往下移动扫描整个叶片，当叶片扫描完毕后抬起【扫描】键结束扫描，仪器自动计算结果并显示待测叶片的长、宽、周长及叶面积等参数。

⑤保存测量结果。

（2）数据转换与导出

在计算机上先安装数据转换软件，然后将本次实习数据转换导出。

（3）计算叶面积

①记录叶片长度、宽度、周长和叶面积的读数并求平均值。

②计算形状系数 K。用每片叶的面积除以其长度与宽度的乘积，可以得到一个小于1的系数，该系数与叶片的形状有关，称为形状系数或校正因子，计算10片叶子的形状系数，算出其平均值。

③计算公式：

$$形状系数 = 叶面积(mm^2)/[长(mm)×宽(mm)] \tag{2-14}$$

4.2 牧草产能潜力分析

通过叶面积仪对牧草叶面积的测定以及对产量的相关参数进行综合分析。

5. 实习报告

以小组形式，比较实习中同类牧草叶面积的大小，并根据叶面积大小分析其产能潜力。每人提交一份实习报告。根据实习内容撰写实习报告，要求包括实习目的和意义、实习地点、实习内容和方法、实习结果及实习结论。

编写：何学青　审稿：何树斌

实习10　利用光合仪测定饲草叶片光合速率及其产能潜力分析

1. 目的和意义

光合作用产生的干物质总量受叶片光合速率、光合作用的时间及光合面积的大小多种因素的影响。由于光合速率与植物产量之间存在正相关关系，通过提高叶片光合速率是实现增产的重要途径。准确测定饲草叶片的净光合速率，是筛选优质饲草新品种、提升饲草资源利用效率及产量的重要研究方法之一，也是分析饲草产能潜力等的研究基础。

本实习旨在通过掌握光合仪测定饲草光合速率的原理和方法，为深入研究提升饲草生产潜能奠定理论基础。

2. 实习内容

利用便携式光合仪测定不同浓度外源氮添加下燕麦叶片的光合速率。

3. 仪器和材料

3.1 仪器设备

便携式光合仪。它具有测定准确、性能稳定、测量范围广、自动化程度高、省时省力等优点，在各类科研活动中被广泛用于测定植物光合速率。该仪器工作原理是将流动速度稳定的空气通入进气口，以不经过样品室的空气作为参比气体，经过样品室的空气作为样本气体，红外检测器检测参比气体和样本气体的 CO_2 浓度差，系统程序根据此浓度差、放入同化室的叶片面积以及稳定气体的流量计算出样本叶片的光合速率并显示结果。

净光合速率计算公式：

$$A = \frac{F(Cr-Cs)}{100S} - CsE \tag{2-15}$$

式中　A——叶的 CO_2 净同化速率 $[\mu mol\ CO_2/(m^2 \cdot s)]$；

　　　F——空气流量 $(\mu mol/s)$；

　　　Cr——参比室的 CO_2 浓度 $(\mu mol\ CO_2/mol\ 气体)$；

　　　Cs——样品室的 CO_2 浓度 $(\mu mol\ CO_2/mol\ 气体)$；

　　　S——叶面积 (cm^2)；

　　　E——蒸腾速率 $[mol/(m^2 \cdot s)]$。

3.2 实习材料

不同浓度外源氮添加下的生长状态良好、无病虫害及无机械损坏的燕麦叶片（每种处理叶片不少于 3 片）。

4. 实习操作

4.1 仪器连接安装及检查

（1）仪器连接安装

连接探头、导气管和电源线等，检查干燥剂和苏打瓶是否正常有效，加装 CO_2 气瓶和去离子水瓶，按下开机键启动仪器进行预热。

实习 10　视频

（2）开机及预热期间检查

①检查温度：h 行的 3 个温度值 Tblock、Tair 和 Tleaf 需彼此相差 1℃ 以内。

②检查叶温热电偶的位置：其位置应高于叶室垫圈约 1 mm，使其能充分接触被夹叶片。

③检查光源和光量子传感器：g 行 ParIn 和 ParOut 是否有响应。

（3）预热完成后检查

①叶室漏气检查：将化学管的控制旋钮调节到 SCRUB 的状态，然后在叶室四周吹气，检查 a 行样品室 CO_2S 的读数变化是否小于 2 μmol。

②检查流速零点：检查 b 行 flow 是否在 ±2 ppm 之间。

③检查匹配阀：开始测量前进行一次匹配，每次改变 CO_2 浓度需要进行一次匹配。

4.2 光合速率测定

（1）进入测量菜单

在主界面点击"Log Setup"，点击左侧"Logging to"，再点击右侧"New Folder"，新建文件夹后点击"New File"，建立子文件夹。建立完毕后，点击屏幕上方"Measurements"进入测量菜单。

（2）测量

按手柄打开叶室，将平展后的待测叶片夹入叶室，待参比室与样品室的数值趋于稳定，点击"Log"保存测量数据。待上述数值稳定后再次点击"Log"再次读数。待数据测量完毕后，点击"Log Setup"，点击左侧"Logging to"，点击右侧"Close file"保存数据文件。

（3）数据的传输

将便携式光合仪与计算机进行连接，在主程序页面选择"Utility Menu"菜单，点击"File Exchange Mode"，选择需要转移的光合仪测量的数据文件，点击左移箭头进行传输，文件可在 Excel 中打开。

5. 实习报告

根据实习内容撰写实习报告。报告需详细记录实习的主要内容与过程，重点阐明不同浓度外源氮添加下燕麦叶片气体交换参数的变化规律，并分析净光合速率参数与产量之间的关系，重点讨论生产中可运用哪些栽培技术手段提高饲草光合气体交换的能力，从而提高其产量。

编写：何树斌　审稿：何学青

实习 11　常见豆科牧草及饲料作物形态特征识别

1. 目的和意义

我国草类植物资源十分丰富，仅豆科草类植物就有 185 属 1 380 种。豆科植物原产热带，现已遍布世界各地。在农牧业生产中真正应用的有 60 余种。豆科牧草及饲料作物的种类或品种不同，其幼苗、成年植株的外部形态、颜色、结构也不同。在草业生产中，无论是建植人工草地，还是改良天然草地，甚至是进行草地资源调查，植物识别是基础。识别常见豆科牧草及饲料作物幼苗，还能为牧草及饲料作物的苗期鉴定及人工草地的提纯和杂草防除奠定基础。

本次实习，通过观察豆科牧草及饲料作物的器官、组织部位和形态特征，让学生了解常见豆科牧草及饲料作物形态特征，认识常见豆科栽培牧草及饲料作物，掌握其识别要点。

2. 实习内容

以当地常见的栽培豆科牧草及饲料作物的幼苗和成年植株为实习材料，对其幼苗（出苗方式、子叶数目及大小、初生叶、上胚轴、下胚轴）和成年植株（根、茎、叶、花、果实、种子）的形态特征进行观察识别。

3. 仪器和材料

3.1　仪器设备

解剖针、放大镜、双目解剖镜、镊子、钢卷尺、计算器、培养皿等。

3.2　实习材料

当地常见的栽培豆科牧草及饲料作物的幼苗和成年植株、记录本、铅笔等。

4. 实习操作

4.1　牧草及饲料作物简介

教师针对本校牧草实践教学基地的豆科牧草及饲料作物，逐一介绍其形态特征、生物学特性、饲用价值等基本情况。

4.2　幼苗的鉴定与识别

幼苗的鉴定主要以出苗方式、子叶、初生叶及上胚轴、下胚轴等特征为依据。

（1）出苗方式

豆科牧草及饲料作物出苗方式有子叶出土型和子叶留土型两种。

①子叶出土型：种子吸水膨胀，下胚轴（初生根与子叶节之间的胚轴部分）延长并形成弓形伸出土壤，见光后下胚轴展直，子叶张开，开始进行光合作用（以菜豆为例，图2-3）。多年生豆科牧草的子叶大部分是出土的，如苜蓿属、三叶草属、驴食草属、草木樨属、黄芪属等。其中，紫花苜蓿、草木樨、三叶草、红豆草中第一片真叶为单叶，而百脉根的第一片真叶为三出复叶。

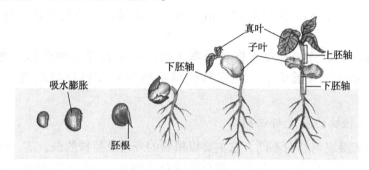

图2-3 菜豆出苗方式

②子叶留土型：萌发时，下胚轴不伸长，上胚轴形成弓形，胚芽伸出土面，下胚轴和子叶留在土中，和种皮一起直到养料耗尽解体（图2-4）。

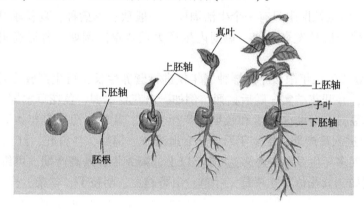

图2-4 豌豆出苗方式

子叶：是种子萌发时最初从种子产生的叶子。其数目、形状、颜色和质地等可作为鉴定幼苗的特征，特别是子叶的形状，由于它的多样性，成为鉴定幼苗的主要特征之一。

叶子数目：豆科植物为双子叶。

子叶形状、大小：在形状上，子叶有圆形、椭圆形、针形、方形等，加上叶片有柄或无柄，叶面有毛或无毛等均可作为识别种类的重要依据。子叶的大小除在出苗后20~30 d这一段时间可以适当增大外，一般较为稳定。子叶的大小可用来区别属和种。此外，子叶脉序、子叶表面颜色及有无白霜等对鉴定幼苗也有一定帮助。

(2)初生叶

初生叶是指子叶以上的第一片叶子或第一对叶子。初生叶和成年叶片一样有对生、互生、轮生等排列方式。在形态上，初生叶有的与成年叶相同，有的则完全不同。例如，天蓝苜蓿成年叶是三出掌状叶，初生叶是一片单叶。初生叶的形状、大小、颜色、叶缘(从全缘到各种锯齿，从缺刻到全裂)也是区别各种幼苗的标志。

(3)上胚轴和下胚轴

上胚轴为子叶以上与初生叶之间茎的部分。下胚轴是子叶以下茎的部分。其长短、颜色、有毛与否都可用来鉴定幼苗。另外，也可将幼苗的气味、分泌物等作为鉴定的特征。

鉴定幼苗时，首先，仔细观察各种草类植物和饲料作物的苗体，熟悉其部位、名称；其次，根据幼苗检索表，检索待检草类植物和饲料作物幼苗，鉴定出种类名称。

4.3 成年植株的鉴定与识别

成年植株的鉴定与幼苗不同，它主要以植物的寿命及植株的根、茎、叶、花及果实的形态特征为依据。鉴定时，首先，对豆科牧草及饲料作物的成年植株进行仔细观察，熟悉其部位、名称；其次，根据属种检索表，检索待检牧草及饲料作物成年植株、鉴定出种类名称。

(1)寿命

①1年生豆科生长期限只有一个生活周期，一般秋春季播种，夏秋季开花结实，随后枯死。播后生长快且发育迅速，短期内生产大量牧草。例如，普通箭筈豌豆、毛苕子、紫云英。

②2年生豆科生长年限2年。播种当年仅进行营养生长，可生产较多牧草，翌年返青后迅速生长，并开花结实，随后枯死。例如，白花草木樨、黄花草木樨。

③多年生豆科分短期多年生和长期多年生豆科。其中，短期多年生豆科寿命4～6年，第2～3年进入高产期，第4年后显著衰退减产。例如，沙打旺、红豆草、白三叶、红三叶等。长期多年生豆科寿命多达10年以上，第3年进入高产期，可维持4～6年以上的高产。例如，紫花苜蓿、草莓三叶草、山野豌豆、胡枝子、羊柴、柠条等。

(2)根

豆科植物为直根系，分3种类型。

①主根型：主根粗壮发达，可深达数米至逾10 m，如紫花苜蓿[图2-5(a)]、柠条。

②分根型：主根不发达，而分根发达，如红三叶。

③主根-分根型：根系发育介于上述两者之间，如草木樨。

3种类型的根上均着生根瘤，根瘤内的根瘤菌能固定空气中的氮素。

(3)茎

茎多为草质，少数坚硬似木质，圆形又具有棱角或近似方形，光滑或有毛有刺，茎内有髓或中空。株型分4种类型。

①直立型：茎枝直立生长，如红豆草、紫花苜蓿[图2-5(b)]、红三叶、草木樨。

②匍匐型：茎匍匐生长，如白三叶。

(a)根　　　　　　　　　　　(b)茎

图 2-5　紫花苜蓿的根和茎

③缠绕型：茎枝柔软，其复叶的顶端叶片变为卷须攀缘生长，或匍匐地面生长成短小零乱的茎，如毛苕子。

④无茎型：没有茎秆，叶从根颈上发生。这种草低矮、产量低，如沧果紫云英、中亚紫云英。

(4)叶

初出土为双子叶，成苗后叶常互生，稀对生，分为羽状复叶和三出复叶两类，稀为单叶。羽状复叶的如毛苕子、普通箭筈豌豆、沙打旺；羽状三出复叶的如紫花苜蓿[图 2-6(a)]；掌状三出复叶的如红三叶[图 2-6(b)]，有托叶。

(a)紫花苜蓿　　　　　　　　(b)红三叶

图 2-6　紫花苜蓿和红三叶的叶

(5) 花及花序

蝶形花(图 2-7)多为两性，花冠的旗瓣大而开展，并具色彩，便于吸引昆虫。花序多样，通常为总状花序或圆锥花序，有时为伞形花序或头状花序，腋生或顶生。其中，总状花序花有梗，排列在一个不分枝且较长的花轴上，随开花花序轴不断伸长。例如，毛苕子[图 2-8(a)]、红三叶[图 2-8(b)]、红豆草[图 2-9(a)]、紫花苜蓿[图 2-9(b)]、鹰嘴豆、鹰嘴紫云英、普通箭筈豌豆等。圆锥花序即复合总状花序，总花梗伸长而分枝，各枝为总状花序，下部分枝长，上部分枝短，整个花序呈圆锥形。例如，白花草木樨(图 2-10)伞形花序花梗近等长，花梗集生于花序轴的顶端，状如张开的伞。例如，小冠花[图 2-11(a)]、百脉根[图 2-11(b)]。头状花序花无梗或近无梗，多数花集生于一短而宽、平坦或隆起的花序轴顶端上，形成一头状体。例如，白三叶。

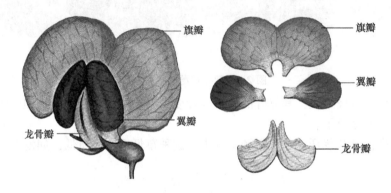

图 2-7　蝶形花

(a) 毛苕子　　　　　　　　　(b) 红三叶

图 2-8　毛苕子和红三叶的总状花序

(6) 果实

果实大多为荚果。典型的荚果通常由 2 片果瓣组成，1 室，种子着生在腹缝线上。种子无胚乳，子叶厚，种皮革质。

(a) 红豆草　　　　　　　　　(b) 紫花苜蓿

图 2-9　红豆草和紫花苜蓿的总状花序

图 2-10　白花草木樨

（a）小冠花　　　　　　　　　（b）百脉根

图 2-11　小冠花和百脉根的伞形花序

5. 实习报告

观察 8~10 种豆科牧草及饲料作物的幼苗特征、成年植株特征并填入表格（表 2-12、表 2-13），每人提交一份实习报告。

表 2-12　豆科牧草及饲料作物幼苗形态特征观察记载

豆科种类	叶色	叶的姿态	叶的宽度	子叶出（留）土	初生叶	小叶形状

表 2-13　豆科牧草及饲料作物成年植株形态特征观察记载

豆科种类	属	种	主要形态特征						荚果	种子	备注
			根	茎	叶		花				
					组成	小叶	花序	小花			

编写：南丽丽　审稿：孙娈姿

实习 12　常见禾本科牧草及饲料作物形态特征识别

1. 目的和意义

禾本科种质资源是分布范围较广的植物种，在家畜养殖、水土保持、防风固沙、庭院绿化方面都起着重要作用。禾本科牧草全球 620 余属 10 000 余种，中国 230 余属 1 500 余种。由于禾本科植物同属不同种之间的特征相似性，再加上不同的地区由于环境影响带来某一特征的细微变化，给禾本科种的分辨带来巨大的困难。因此，学习并掌握禾本科的分类和形态特征识别就显得非常重要。

本实习采取现场教学方式，旨在培养学生切实掌握现有禾本科栽培牧草及饲料作物的主要形态特征和特性，掌握识别技巧与鉴定方法。

2. 实习内容

通过对室外禾本科牧草及饲料作物新鲜植株及室内蜡叶、浸液整株标本的观察鉴定，熟练掌握地区常见、重要栽培禾本科牧草及饲料作物的属种和形态识别专用术语；能够熟悉地使用禾本科牧草检索表鉴别禾本科不同属种，通过鉴定识别，明确不同种之间、不同属之间的区别及形态特征差异，准确熟练地描述主要禾本科栽培牧草及饲料作物的形态特征。

3. 仪器和材料

3.1　仪器设备

解剖针、放大镜、双目解剖镜、镊子、小卷尺、游标卡尺、直尺、钢卷尺等。

3.2　实习材料

具有根、茎、叶、花、果实及种子的新鲜禾本科牧草及饲料作物的完整植株，或完整的蜡叶、浸液整株标本。

4. 实习操作

4.1　植物形态学观察

首先，由教师对现有禾本科牧草及饲料作物逐一简单介绍其生物学特性、饲用价值和利用方式等。然后，学生仔细观察禾本科牧草及饲料作物的新鲜植株（或完整的蜡叶、浸液整株标本）的根、茎、叶、花序、小花及种子的形态特征，并记录于相应的表格内。

（1）根据叶进行鉴定

在开花期前，禾本科牧草及饲料作物鉴别的方法主要是根据叶的形状。叶是扁平或狭长、叶缘、叶尖、叶色、质地的情况；叶鞘开裂或闭合；有无叶舌、叶耳及附属物等性状进行鉴定。

(2) 根据花序和花进行鉴定

当禾本科牧草或饲料作物进入开花期时,花序和小花是鉴定的重要依据。应根据花序的类别、小穗的形状、小花的数目和构造、籽粒的形态特征来鉴定。

(3) 观察描述

将新鲜植物或牧草标本观察鉴定后,按表2-14叙述其形态特征。

表2-14 禾本科牧草及饲料作物形态特征观察识别记载

牧草名称	属	种	主要形态特征							备注
			根	茎	叶	花序	小穗	小花	籽粒	

4.2 检索表检索植物名称

参照图2-12~图2-20及教材与参考书中禾本科牧草的植物学特征,对照新鲜植物或牧草标本仔细观察,对该植物或标本的属种进行鉴定,同时对相似标本认真比较鉴别,观察记录其形态特征。

图2-12 多年生黑麦草(田莉华/摄)

图2-13 垂穗披碱草(田莉华/摄)

图 2-14 老芒麦（杨时海/摄）

图 2-15 梯牧草（陈有军/摄）

图 2-16 鸭茅（陈有军/摄）

图 2-17 燕麦(田莉华/摄)

图 2-18 无芒雀麦
(田莉华/摄)

图 2-19 草地早熟禾(田莉华/摄)

图 2-20 紫羊茅(田莉华/摄)

5. 实习报告

(1) 撰写实习报告

学生 5 人一组，每组鉴定 5 种禾本科牧草及饲料作物，分别写明不同牧草及饲料作物的属名、种名、拉丁名、英文名，各部分配图清晰并用文字描述其主要形态特征，每人提交一份实习报告。实习报告要求包括实习目的和意义、实习地点、实习内容与方法、实习结果。

(2) 编写检索表

对鉴定后的 5 种牧草及饲料作物编写检索表(选做)。

编写：田莉华　审稿：南丽丽

实习 13　常见其他科牧草及饲料作物形态特征识别

1. 目的和意义

与豆科和禾本科相比,其他科牧草和饲料作物的栽培面积较少。但由于其优良的生产性能和较高的饲用价值,部分能饲喂单胃动物,具有豆科和禾本科牧草不可替代的作用。因此,其他科的牧草及饲料作物在生产中也被广泛应用,其中以阔叶类草本植物为主。

通过本实习,学生应识别以菊科为主或现有的其他科牧草及饲料作物形态学特征,深入学习其生物学特性,能为饲草生产草种选择提供合理决策与指导。

2. 实习内容

本实习中,学生需仔细观察现有其他科牧草的植物学特征,掌握各种牧草的识别要点,了解牧草不同时期的生长发育特点。

3. 仪器和材料

3.1　仪器设备

解剖针、放大镜、双目解剖镜、镊子、钢卷尺、计算器等。

3.2　实习材料

常见的其他科牧草及饲料作物的新鲜植株或蜡叶、浸液标本、记录本、铅笔等。

4. 实习操作

4.1　牧草及饲料作物简介

针对本校牧草实践教学基地的其他科牧草及饲料作物,教师逐一介绍其形态特征、生物学特性、饲用价值等基本情况。

4.2　开花前的鉴定与识别

开花前,主要根据营养器官,即根、茎、叶的植物学特征进行鉴定,如叶的着生方式、叶尖形状、叶色和质地等。

4.3　开花后的鉴定与识别

开花以后,花序和花是重要的鉴定依据,主要根据花序的类别、小花的颜色、构造特征进行鉴定。

5. 实习报告

将所观察的所有其他科牧草及饲料作物的形态学特征填入表格（表 2-15）。根据实习内容撰写实习报告，要求包括实习目的和意义、实习地点、实习内容和方法、实习结果。

表 2-15　其他科牧草及饲料作物形态观察记载

牧草名称	科	属	根	茎	叶	花	果实

编写：孙娈姿　审稿：南丽丽

实习 14 人工草地杂草调查与化学防除技术

1. 目的和意义

杂草是在建植人工草地时与所播草种相伴而生的草本植物。长期以来,在干扰环境适应过程中杂草逐渐形成了特有的生存策略,具有繁殖方式复杂多样、传播方式广、抗逆性强等特点。杂草群落通常能够很好地适应当地生态环境,与目标草种竞争水、肥、光,侵占地上、地下空间资源,严重降低了人工草地质量与生产力水平,同时增加了管理成本。认识并防除杂草对草地质量与功能提升具有重要意义。

本实习通过调查了解杂草群落特征,比较分析防除措施对杂草的防控效果,减少杂草的危害是人工草地管理的重要内容。培养学生运用栽培学专业知识指导人工草地管理实践的能力,提高草地保护意识,增强专业责任感与使命感,促进人与自然和谐共生。

2. 实习内容

本实习主要围绕人工草地中的杂草群落展开,使学生能够识别人工草地中常见的杂草种类,学会电子标本的制作方法;充分认识杂草的群落特征,掌握杂草的调查方法与化学防除技术。

3. 仪器和材料

3.1 仪器设备

1 m×1 m 样方框、直尺(精度 1 mm)、剪刀、土铲、照相机、杂草图谱资料等。

3.2 实习材料

人工草地常见杂草、记号笔、记录本等。

4. 实习操作

4.1 杂草数字图像标本制作与种类鉴定

(1)植物数字图像标本概念

伴随数码技术的普及与应用,储存数字图像已成为常见方式。通常将依据标准通过拍摄数字图像获取植物信息,建立与实物标本对应功能数据库的方式称为植物数字图像标本。它具有采集容易、便于携带查看、存储空间小、制作与管理成本低等优点。

(2)前期准备

设置好照相机像素参数(>600 万),调整日期和时间。

(3)拍摄内容与要求

对人工草地先拍摄生境特征,再选择每种杂草选择典型植株,对整株和器官(叶、茎、花、果实、种子等)分别进行原位图像采集,每种 5~10 张,保证图像清晰,颜色真实,拍摄主体在正中位置,拍摄部位完整。

(4)杂草鉴定

生境内杂草拍摄完毕后,将图像导出,初筛符合要求图片,根据杂草图鉴资料对拍摄植物进行鉴定,明确植物分类信息与种名,记录中文名、学名、鉴定人。常见农田杂草如图2-21所示。

图 2-21　常见农田杂草

(5)图像管理

对已鉴定杂草图像依据植物分类信息进行归类整理,按名称+拍摄内容进行命名,后将人工草地所有有效图片置于文件夹内以拍摄日期、地点、内容、拍摄者命名。

4.2　杂草群落调查与分析

(1)样方设置

采用样方法进行,在人工草地典型地段随机布设5~10个1 m×1 m样方(也可依据不同人工草地情况下植物种-面积关系确定合适样方大小),按照"S""W""X"形进行。

(2)杂草群落特征测定

统计每个样方内杂草种类和对应的植株数量,每种选择10株用直尺测定自然高度,目测法测定杂草盖度，刈割（挖掘）后称量样方中杂草鲜重，取部分鲜草样本在65℃下烘干测定其含水量，将样方内鲜重换算为风干重（g/m²），将结果填入表2-16和表2-17中。

表 2-16 常见农田杂草的植物分类情况

杂草名称	科	属	种

表 2-17 杂草群落特征调查

杂草名称	相对密度/%	相对频度/%	相对盖度/%	高度/cm	质量/g	重要值/%

(3) 杂草群落特征分析

① 重要值 IV 计算：参见实习7。

② 多样性指数计算：

Shannon-Wiener 指数：
$$H' = \sum_{i=1}^{S} P_i \ln P_i \tag{2-16}$$

Pielou 指数：
$$E = \frac{H'}{\ln S} \tag{2-17}$$

Simpson 指数：
$$P = 1 - \sum_{i=1}^{S} P_i^2 \tag{2-18}$$

式中　S——出现在样地内的杂草种数；

　　　P_i——杂草种 i 的重要值。

将结果填入表2-18。

表 2-18　杂草群落分析结果

人工草地编号	Shannon-Wiener 指数	Pielou 指数	Simpson 指数

4.3　杂草化学防控方法评价

(1) 试验设置

选定有代表性人工草地区域，采用完全随机区组设计，小区面积 4 m×4 m，3 次重复，依据杂草种类选择 3 种除草剂，依据对应建议浓度进行喷施，进行茎叶处理，以不施除草剂为对照。

(2) 观测评价

施用前对各小区杂草种群落特征进行样方调查，分别在 1、2、3 周后进行后续测定。除草剂防除效果由施药前后杂草株数变化与对照区比值进行下降率计算而得，然后对测定结果进行单因素方差分析（$P<0.05$），对均值进行显著性检验多重比较，将结果填入表 2-19。

表 2-19　杂草防除效果评价结果

处理	杂草种类名称	防除效果	
		下降率/%	显著性检验
对照			
除草剂 1			
除草剂 2			
除草剂 3			

5. 实习报告

根据实习内容完成一块人工草地的杂草识别与电子标本制作，并进行群落分析，撰写并提交实习报告一份，要求包括实习目的和意义、实习地点、实习内容和方法、实习结果及实习结论。

编写：张志新　审稿：龙明秀

实习 15　人工草地灌溉技术

1. 目的和意义

水分是影响人工草地牧草生长发育、干草产量和品质的重要因素，而灌溉是人工草地获得水分的主要途径之一。目前，人工草地的灌溉方式主要有漫灌、沟灌、畦灌、喷灌、滴灌等。其中，漫灌、沟灌、畦灌等传统的灌溉方式不仅灌水量大，造成大量裸间蒸发、增加植物的蒸腾量，还致使大量水分渗漏至土壤深层。随着现代技术的发展，喷灌和滴灌是目前人工草地生产中应用较广泛的两种节水灌溉技术，也是目前最高效的节水灌溉技术，可以使表层土壤较快的湿润然后达到植物生长所需要的水分条件，同时能够减少灌溉水的深层渗漏，提高了水分利用效率。滴灌水分利用效率（最高可达 90%）远高于喷灌（60%~80%）和地面灌溉（50%~60%）。

通过本实习，学习和掌握科学灌溉的技术和方法，对提高人工草地的牧草产量、品质和效益以及提高水分利用效率都具有重要意义。

2. 实习内容

本实习的形式依据各地情况可选择校内视频观看实习和校外牧草饲料作物生产基地现场观摩实习两种。人工草地常用的节水灌溉方式有滴灌和喷灌。滴灌主要有地下滴灌和地表滴灌。喷灌主要有指针式喷灌和固定式喷灌。

2.1　滴灌

地下滴灌是在滴灌基础上形成的高效节水的新型灌溉技术，即通过铺设在耕层中的滴灌管网系统将水和液体肥料小流量、长时间、高频率直接灌入植物根区，供植物生长发育利用，达到节水、节肥、增产等目的。地下滴灌作为一种节水效率极高的灌溉技术，具有少量多次、节水增产的特点，能有效减少土壤蒸发和深层渗漏，提高灌溉水利用效率，同时其自动化程度高，可降低劳动力和运行管理成本，已成为国内外水资源匮乏地区的重要灌溉技术之一。

(1) 适用范围

地下滴灌主要适用于紫花苜蓿等多年生优质牧草的生产中。

(2) 主要设备和器材

地下滴灌系统一般包括水泵、蓄水池、过滤网、输水管、滴灌管和施肥器等；主要器材包括软带（规格常有 75 mm 和 90 mm）、滴灌带、打孔器、三通。

(3) 主要技术流程（图 2-22）

①水源：

地下水滴灌：地下水杂质主要以沙粒为主，可采用离心过滤器和筛网过滤器组合进

(a)平整土地　　(b)滴灌带铺设
(c)铺设支管　　(d)连接滴灌带
(e)二次平整土地　　(f)播种
(g)灌溉

图 2-22　地下滴灌主要技术流程

行过滤，处理后水体含沙量<100 mg/L，浊度不超过 150 NTU（散射浊度单位）。

地表水滴灌：地表水一般含沙量较大，需经过调蓄预沉池进行沉沙处理，首部加压后宜采用砂石过滤器+叠片过滤器进行过滤处理，对预沉降效果较好的地表水可采用砂石过滤器+网式过滤器组合过滤。处理后水体含沙量<100 mg/L，浊度不超过 150 NTU。

②平整土地：整地做到深耕细耙，地面细碎平整，深翻深度达 30~35 cm，并彻底清除杂草和作物残茬。

③滴灌带铺设：主管道选择直径 90 mm 软带，滴灌带选用内镶贴片式，滴头流量 1.0~3.0 L/h。

支管选用黑色聚乙烯塑料管（PE），外径 75 mm 或 90 mm，外径偏差±(1~2) mm，壁厚 0.9~1.5 mm，爆破压力≥0.40 MPa，耐静水压力实检不破裂、不渗漏。

支管可选用外径 75 mm 或 90 mm PE 软带，单条长度分别以 40 m 或 60 m 为宜。地下滴灌紫花苜蓿田每 60~80 m 布置 1 条支管，支管居中。开沟铺设支管，支管管沟深 30 cm，支管首端安装球阀开关后与主管道连接，支管末端安装排气阀或扎结封堵。

地下滴灌一般选用内镶贴片式滴灌带，内径 16 mm，壁厚 0.15~0.20 mm，滴头流量 1.0~3.0 L/h，滴头间距 30 cm。砂质土选用滴头流量为 2.0~3.0 L/h 的滴灌带，壤质土选用滴头流量为 1.0~2.0 L/h 的滴灌带。

支管管沟开好后用紫花苜蓿地下滴灌布管机铺设滴灌带。滴灌带铺设深度为 10~20 cm，滴灌带间距为 40~60 cm，砂性土壤适当减小毛管间距，黏性土壤可增大铺设间距。铺设滴灌带滴头出水口朝上，以避免作业过程中泥沙堵塞。

滴灌带连接：滴灌带与支管通过旁通连接，旁通安装在支管水平方向的中心部位，连接时滴灌带不能打折或弯曲，以免影响水流通过。选用滴灌带铺设机铺设滴灌带，铺设间距 40~60 cm，滴灌带长度以 150~200 m 为宜。

④播种：播种期采用春播、夏播、秋播均可。主要方式为机械条播，行距为 15~20 cm，播种深度以 1~2 cm 为宜。

⑤灌溉：初次灌溉在播种后进行，灌溉至地表全部湿润。0~15 cm 土层含水量低于田间持水量≤50%时需进行灌溉。秋播紫花苜蓿苗期灌溉 2~3 次。春播紫花苜蓿苗期视土壤含水量和降水情况进行灌溉，一般第一茬收获前灌水 3~4 次。单次灌溉量为 600~750 m³/hm²。

紫花苜蓿生长期，根据当地需水量和降水量确定灌溉时间、灌溉频度和灌溉量。紫花苜蓿田 0~40 cm 土层含水量保持在田间持水量的 60%~75%。一般饲草田每茬草需灌溉 2~4 次，灌溉周期 7~10 d（遇降水情况可适当延长），单次灌溉量为 600~750 m³/hm²。

冬灌应在表土上冻前完成，灌溉量为 600~1 000 m³/hm²。在每次紫花苜蓿收割后进行滴灌带排沙。

⑥滴灌带回收：可使用滴灌带回收机将地下的滴灌带拉起来，并进行回收。

地表滴灌常见的方式是将作物覆膜栽培种植技术与滴灌技术集成为一体的高效节水、增产、增效模式。滴灌利用管道系统供水、供肥，使带肥的灌溉水呈滴状、缓慢、均匀、定时、定量地灌溉到作物根区，使作物根区土壤始终保持在最优含水状态；地膜覆盖具有保墒、提墒、灭草、增加地温、减少作物裸间水分蒸发的作用。将两者优势集成，再加上作物配套栽培技术，形成了膜下滴灌技术。通过使用改装后的农机具可实现播种、铺带、覆膜一次完成，提高了农业机械化、精准化栽培水平和水资源的高效利用。

(1) 适用范围

地表滴灌主要适用于一年生牧草及饲料作物。

(2) 主要设备和器材

地表滴灌系统一般包括水泵、蓄水池、过滤网、输水管、滴灌管和施肥器等；主要器材包括软带(75 mm 和 90 mm)、滴灌带、打孔器、三通、掐丝。

(3) 主要技术流程(图 2-23)

(a) 滴灌带和地膜一体化铺设　　(b) 地表滴灌

(c) 地表滴灌(灌溉)　　(d) 地表滴灌(玉米出苗)

图 2-23　地表滴灌主要技术流程

地表滴灌系统组成：一般包括水源、首部枢纽、输配水管网、滴灌带、控制及保护装置地表滴灌布置等，如图 2-24 所示。

①水源：地表滴灌系统的水源可以是机井、泉水、库水、江河、湖泊、池塘等，水质必须符合灌溉水质的要求。其水源工程一般指为取水而修建的拦水、引水、蓄水、提水和沉淀工程，以及相应的动力、输配电工程等。

②首部枢纽：包括动力机、水泵、施肥(药)装置、过滤设备和安全保护及量测控

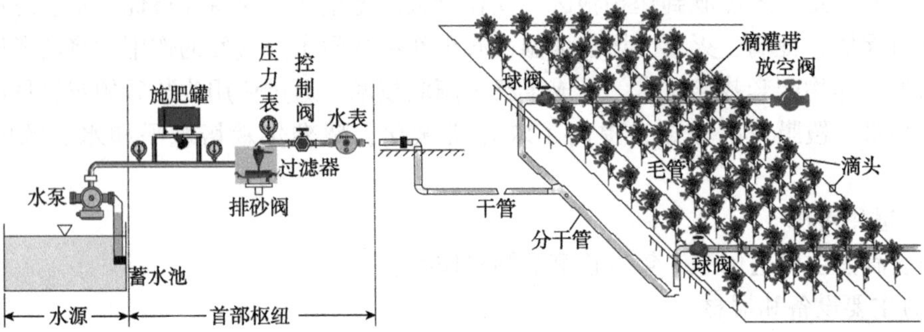

图 2-24　地表滴灌系统组成示意

制设备。其作用是从水源取水加压并注入肥料（农药）经过滤后，按时、按量输送进管网，担负着整个系统的驱动、量测和调控任务，是全系统的水、肥、压力、安全等的控制调配中心。

常用的动力机主要有电动机、柴油机、拖拉机及其他一些动力输出设备，但首选电动机。动力机在地表滴灌系统中起着重要作用，是整个地表滴灌系统的能量来源。地表滴灌常用的水泵主要有潜水泵、离心泵等，如果水源的自然水头（由高位水池、压力水管提供）满足地表滴灌系统流量和压力要求，则可省去水泵及相应的动力。

施肥装置包括施肥罐、文丘里施肥器、注射泵施肥装置、施肥箱等，其作用是将适于根施且速溶于水，又无害于种苗的肥料、农药、除草剂、化控药品等在施肥装置中充分溶解，然后通过滴灌系统输送到作物根部。

过滤设备是用来对地表滴灌用水进行过滤，提供合格的水质，防止各种污物进入地表滴灌系统堵塞滴头或在系统中形成沉淀。过滤设备有拦污栅、离心过滤器、砂石过滤器、筛网过滤器、叠片过滤器等。当水源为河流和水库水质时，需建沉淀池。

各种过滤设备可以在首部枢纽中单独使用，也可以根据水源水质情况组合使用。量测、控制和保护设施是为了保证地表滴灌系统的正常安全运行而在系统首部枢纽中设置，它们是压力与流量测仪表、各种控制与保护的阀门（如闸阀、逆止阀、安全阀、进排气阀等）和调节装置，其中有些设备还需用到管网系统中。

安全保护装置用来保证系统在规定压力范围内安全工作，消除管路中的气阻和真空等，一般有控制器、传感器、电磁阀、水动阀、空气阀等。

③输配水管网：其作用是将首部枢纽处理过的有压水流按照要求输送分配到每个灌水单元和灌水器，沿水流方向依次为干管、支管（辅管）、毛管及所需的连接管件和控制、调节设备。管网包括干管、支管（辅管）、毛管及所需的连接管件和控制、调节设备。毛管是滴灌系统中最末一级管道，直接为灌水器提供水量。支管是向毛管供水的管道，在这一环节中，有时仅布设支管，有时增设多条与支管平行的辅助支管（简称辅管），每条辅管上布置多条（对）毛管。此时，支管通过辅管向毛管供水，对轮灌运行、提高灌水均匀度起到很好的作用。干管是将首部枢纽与各支管连接起来的管道，起输水作用。由于滴灌系统的大小及管网布置不同，组成管网的级数也有所不同。

④滴灌带：是滴灌系统中最关键的部件，是直接向作物施水肥的设备。其作用是利用滴头的微小流道或孔眼消能减压，使水流均匀地滴入作物根区土壤中。常见的滴灌带有单翼迷宫式、内镶贴片式、压力补偿式等。

⑤控制及保护装置：地表滴灌系统控制装置一般包括各种阀门，如闸阀、球阀、蝶阀、流量与压力调节装置等，其作用是控制和调节地表滴灌系统的流量和压力。一般有压力表、水表等。保护装置用来保证系统在规定压力范围内工作，消除管路中的气阻和真空等，一般有进(排)气阀、安全阀、逆止阀、泄水阀、空气阀等。

⑥地表滴灌布置：地表滴灌系统总体布置主要是在确定灌区位置、面积、范围及分区界限，选定水源位置后，对沉淀池、泵站、首部枢纽等工程进行总体布局，合理布设管线。地形状况和水源在灌区中的位置对管道系统布置影响很大，一般应将首部枢纽与水源工程布置在一起。田间管网一般为三级，即干管、支管(辅管)、毛管；或者为四级，即主干管、分干管、支管(辅管)、毛管。毛管铺设方向与牧草及饲料作物种植方向一致，毛管与支管(辅管)、支管(辅管)与分干管一般相互垂直。

2.2 喷灌

喷灌作为一种高效节水灌溉技术，在农业生产中被广泛应用。该技术不仅能协调土壤水、气、热状况，改善小气候环境，使作物的蒸腾受到明显抑制，而且对作物生长发育和品质的提高效果显著，喷灌比地面灌溉节水30%~50%(汤玲迪等，2022)。根据喷灌设施的类型不同，可分为3种：①移动式喷灌。这种方式的主要特点是在喷灌范围内可以移动。②固定式喷灌。这种方式通常是除灌溉的喷头结构以外，其他部分均保持固定不动，管道中的支管和干管埋入地下。这样既节约了地面上的占地面积，又便于进行自动控制灌溉，实际操作时灌溉效率较高。③半固定式喷灌。这种方式整体系统当中的主管和支管通常是可以移动的，但干管是固定埋于地下的。这样可以延长设备的使用年限，同时也不需搬移设备，在操作上也十分简单，灌溉效率较高。

喷灌主要技术参数如下：

(1)喷灌强度

喷灌强度是指单位时间内喷洒在单位面积土地上的水量(m^3/hm^2)或单位时间喷洒在地上的水量(mm/h)。它与土壤的透水性相关，即喷灌强度不应该超过土壤的渗吸速度，避免在地表形成积水和径流，故在设计喷灌时应掌握土壤、地形和坡度等资料。喷灌强度分为点喷灌强度和平均喷灌强度两种形式，根据土壤类型和地面坡度等选择适宜的喷灌强度形式(表2-20和表2-21)。

表2-20 各类土壤允许的喷灌强度

序号	土壤类型	允许的喷灌强度/(mm/h)	序号	土壤类型	允许的喷灌强度/(mm/h)
1	砂土	20	4	壤黏土	10
2	砂壤土	15	5	黏土	8
3	壤土	12			

表 2-21　坡地喷灌强度的降低值

序号	地面坡度/°	允许强度的降低值/%	序号	地面坡度/°	允许强度的降低值/%
1	<5	10	4	13~20	60
2	5~8	20	5	>20	75
3	9~12	40			

(2) 喷灌均匀度

喷灌均匀度是指喷灌面积上水量分布的均匀程度，是衡量喷灌质量的重要指标。表征指标主要是均匀度系数，计算公式：

$$Cu = 1 - \frac{\Delta h}{h} \tag{2-19}$$

式中　Cu——喷灌均匀度系数；

h——喷洒水深的平均值(mm)；

Δh——喷洒水深的平均离差(mm)。

《喷灌工程技术规范》(GB/T 50085—2007)规定：在设计风速下，喷灌均匀系数不应低于75%。

(3) 水滴打击强度

水滴打击强度是指受水面积内，水滴对作物或土壤的打击动能。与水滴大小、降落速度和密度有关。可用雾化指标 P_d 或水滴直径表示。雾化指标计算公式如下：

$$P_d = H_p / d \tag{2-20}$$

式中　P_d——雾化指标；

H_p——喷头的工作压力；

d——喷嘴直径。

P_d 越大，雾化程度越高；水滴直径越小，打击强度越小。牧草、饲料作物、草坪及园林树木的喷头雾化指标 P_d 为 2 000~3 000。

水滴直径是指落在地面或作物叶面上的水滴直径。直径过大容易打伤幼苗且易使土壤板结；直径过小，在空中易蒸发损失大且易受风的影响。一般要求水滴直径平均在 1~3 mm。

喷灌系统选择：根据地形、土壤、气象、水源、牧草及饲料作物类型、经济及设备条件，考虑各种系统形式的优缺点，选定以下系统形式。

(1) 半固定式喷灌

半固定式喷灌是我国干旱半干旱地区普遍使用的灌溉技术(图 2-25)。其工作原理是利用动力设备增加水的压力，然后利用设定的高度通过距离落差将水灌溉到需要的区域内。其中，水通过喷头在空中变成细小的水滴，这样覆盖范围会更广、更平均。与固定式喷灌和移动式喷灌相比，半固定式喷灌安装操作方便，不影响紫花苜蓿等多年生优质牧草割草、搂草、翻晒和运输等。

(a) 半固定式喷灌场景　　　　　　　(b) 铺设主管道

(c) 紫花苜蓿半固定式喷灌　　　　　　(d) 支管安装

图 2-25　半固定式喷灌

①适用范围：主要适用于草坪建植和紫花苜蓿等多年生牧草生产中。

②主要设备和器材：一般包括水泵、蓄水池、过滤网、输水管和施肥器。干管固定，而支管和喷头则可移动。

③主要技术流程：

a. 设备选择。喷头应根据灌区地形、土壤、牧草、水源和气象条件优化选择。宜优先采用低压喷头；灌溉季节风大的地区宜采用低仰角喷头。

b. 规划设计及工程施工。干支管均应埋在当地冰冻层以下，管子应有一定纵向坡度，使管内残留的水能向水泵或干管的最低处汇流。在底端安装排水阀，在高端安装排气阀，以便在喷灌季节结束后将管内积水全部排空，防止运行或停水时发生气锤与负压，使管道由于气锤爆裂与负压而吸扁。

竖管(立管)安装前应将管道中的残留物清除干净，防止实际运行通水时杂质(或残留物)堵塞喷头。把压力调节器(可选)与控制阀(可选)依次接入立管中，并用支架进行固定。

装喷头的竖管要安装平直，要有固定支架支撑，使其稳定牢固可靠，不可摇摆。

在内陆干旱半干旱地区，刚性接口管道施工时，应采取防止因温差产生的压力而破坏管道及接口的措施。胶合承插接口不宜在低于5℃的气温下施工。

管材应平稳下沟，不得与沟壁或槽床激烈碰撞。一般情况下，将单根管道放入沟槽内后再进行粘接与热熔粘接。

当管道小于 32 mm 时,也可以将 2 或 3 根管材在沟槽上连接好后,再平稳地放入沟槽内进行安装。

c. 灌溉管理。

需水量:西北内陆干旱区紫花苜蓿一般每年可收割 3~5 茬,紫花苜蓿在内陆干旱区域根据各地需水量与降水量不同,紫花苜蓿全年需水量范围为 500~1 600 mm。各地应根据本地区的实际具体情况,因地制宜地确定紫花苜蓿生育期的灌溉制度。灌溉前应对灌溉系统进行全面检查,确保系统在正常完好状态。

防风要求:喷灌作业风速一般应小于 3.4 m/s,当风速过大时应停止喷灌作业,为此应选择风速相对较小的白天或夜间进行喷灌作业。

(2)指针式喷灌

指针式喷灌又称圆形喷灌、时针式喷灌、中心支轴式喷灌等,主要用于大面积的农业灌溉,一次性可浇大片土地,并且浇地均匀度高(图 2-26)。喷灌机沿中心支座做圆周运动,就像钟表的指针一样,完成喷灌过程。虽然机器本身较大但安装和操作便捷,小型指针式喷灌机喷灌面积一般为 3.5~13.5 hm²,大型指针式喷灌机喷灌面积可达 33.5~80.0 hm²。指针式喷灌机最大的优点之一就是灌溉均匀度高,灌溉均匀度一般都在 90% 以上。

(a)平移式喷灌机　　(b)紫花苜蓿平顶式喷灌
(c)指针式喷灌机　　(d)紫花苜蓿指针式喷灌

图 2-26　指针式喷灌

①适用范围:主要适用于紫花苜蓿等 1 年生和多年生牧草生产。

②主要设备和器材:一般包括主控系统、中心塔、行走驱动装置、桁架和灌水系统等。

a. 主控系统。对整个设备起控制作用，屏幕显示运行状态，具有实时监测、故障定位报警等功能。其控制器一般有以下功能：水压过低或停机时控制器自动关闭喷灌机和水泵；启动喷灌机时自动开启水泵；调节喷灌机的运行速度和灌水量；灌溉时控制器能使喷灌机自动回转或停机；控制箱面板能显示喷灌机运行故障原因。

b. 中心塔。起固定作用，可以抵抗恶劣室外环境。锚固在混凝土基座上，能很好地吸收消化掉由于机器在不平整的土地上运转而产生的作用力。它的外部是一个由立柱、横梁和底板组成的宝塔形框架，中间部分是转动套和支轴弯管。转动套的上部固定在框架上，下部与水源相连。支轴弯管的竖直部分位于转动套内，可在其中自由转动；另一端与首跨桁架输水支管以球铰连接，以适应首跨桁架因地形变化在铅垂方向产生的上下位移。底板用地角螺栓固定在混凝土基础上以保持稳定。

c. 行走驱动装置。设备的驱动系统，国际上使用的多为防水外壳，双向传动系统。对于一级减速器为蜗轮减速器的机组，由于传动效率较低，电动机功率通常为 1.1~1.5 kW；对于一级减速器为齿轮减速器的机组，由于传动效率较高，电动机功率通常为 0.55~0.75 kW。

d. 桁架。多为热浸镀锌高强度钢材。由于各跨桁架之间采用柔性连接，所以指针式喷灌机在机组长度方向可适应坡度达 30% 的地块。在田间垄沟比较浅的条件下，大部分典型配置机型在机组行走方向可适应坡度达 20% 的地块。

e. 灌水系统。由喷头和末端喷枪组件组成。指针式喷灌机所配喷头均为低压喷头，分散射式和旋转式两大类。喷嘴直径从中心支座开始向末端逐渐增大，以保证喷灌均匀性。喷头距地面高度根据作物生长期的高度确定。

3. 实习作业

①通过实习观摩，提供一份所在地区拟在 670 hm² 荒地开发种植紫花苜蓿、生产干草所需要的喷灌系统及其装备的实施计划报告。

②通过实习观摩，提供一份所在地区 670 hm² 标准化基本农田上拟栽培青贮玉米、生产青贮料所需要的喷灌系统及其装备的实施计划报告。

编写：谢开云　审稿：王建光

实习16　草层结构的测定

1. 目的和意义

草层结构是指在牧草生长期间，其地上部分不同空间内茎、叶、花序的质量、体积、叶面积的分布状况。地上部分茎、叶、花序及它们的质量、体积和叶面积等在空间分布上的不同，表明它们对环境条件利用能力的差异，它决定着草丛中不同种的生存条件，从而很大程度上影响着草群中各个牧草种(品种)的相互关系和经济价值。

通过实习，掌握牧草地草层结构测定方法，并了解所测牧草的草层结构状况。通过研究牧草的草层结构，可为建立人工草地制订合理的栽培技术措施，确定正确的利用方法及选择合适的混播组合提供理论基础。

2. 实习内容

在单播或混播草地上，取样测定不同空间的茎、叶、花序及它们的质量、体积和叶面积。

3. 仪器和材料

3.1　仪器设备

样方框、剪刀、铁锹、小铲、天平、量筒(1 000~5 000 mL)、玻璃棒、叶面积仪、计算器等。

3.2　实习材料

单播或混播草地、塑料袋或纸袋、线绳等。

4. 实习操作

4.1　样品采集

栽培牧草草层结构的采集通常有两种方法，一种是选一定面积(如1 m²)或质量(200~500 g)的植株，用剪刀齐地面剪下，立即装入塑料袋并尽快带回实验室，然后从基部开始每10 cm为一层剪断进行测定。其取样方法手续简便，节省时间，但所取试样往往与牧草的实地生长情况不相符，尤其是匍匐型牧草和斜向上生长的牧草以及叶片下垂的禾本科牧草。因而，下述的另一种采样方法常被采用。取4根木棒，长125 cm，由上向下每10 cm划一刻度，最后一段为5 cm长，将4根木棒插入具代表性的样段，面积为50 cm×50 cm或20 cm×20 cm，木棒插入深度为5 cm，即至木棒最下刻度，并由上向下用绳子连接4根木棒至同一刻度，然后用剪刀将牧草自上而下分层剪下，每层分别装袋，做好标记带回实验室内备用。这种采样法基本上符合牧草的自然生长状态。

4.2 测定方法

测定草层结构时，为避免牧草因放置时间长而变干枯，可按体积、叶面积、质量的顺序进行测定。

(1) 体积测定

①当测定叶、花序、实心茎的体积时，先在大量桶内装水至一定刻度，水量的多少取决于样品的数量，以浸没样品为宜。然后逐层将叶、花序、实心茎分次投入水中，并用玻璃棒轻轻搅动，以排除株体上附着的空气，稍停数分钟后，水面上升，仔细观察量筒内水面上升的毫升数便是投入牧草某层某部分的体积。

②具有空心茎的牧草，不能用上述方法测定其体积，其茎的体积可按下列公式计算：

$$V = \pi d^2 h / 4 \quad (2\text{-}21)$$

式中　V——茎的体积；

　　　d——茎的直径；

　　　h——每一段的茎长；

　　　π——常数，取值 3.14。

(2) 叶面积测定

采用叶面积仪进行测定。

(3) 质量测定

将测定完体积的茎、花，要用吸水纸擦去表面水分，以及测定过面积的叶片，全部分类收集，用 1% 天平分层分别称取鲜重。然后分类采样茎 500 g、叶 100 g、花穗 20 g，放入 105℃ 烘箱内经 10 min 杀青后降温至 65℃，经 24~48 h 烘至恒重后，分类称其风干重。由此通过茎、叶、花穗的鲜重与风干重比例可计算出各自的分层风干重。

4.3 资料的登记、整理及草层结构图的绘制

将上述各项测得的结果填入表 2-22 和表 2-23，根据表上资料，可按下列方法制作草层结构图。

①根据整个草丛各层茎、叶、花的质量或叶面积、体积之和为 100%，计算出各层茎、叶、花序占总和的百分比。根据此百分比绘出草层结构图。

②取坐标纸一张，其纵坐标表示草层层次，横坐标表示茎、叶、花序占的百分数，以一定的方格数表示百分数可绘出草层结构图。现举例说明图式的绘制方法（数据见表 2-22、图 2-27）。

5. 实习报告

学生 3~4 人一组，测定一种豆科和一种禾本科牧草的草层结构（包括体积、质量、叶面积），并根据所测草丛结构数据，每人各做一份草层结构图。

表 2-22　3 年生红豆草草丛各层茎、叶、花序质量分布

层次/cm	茎		叶		花序		小计	
	g	%	g	%	g	%	g	%
50~60	4.32	4.33	4.13	4.14	5.23	5.25	13.68	13.72
40~50	3.50	3.51	7.56	7.58	3.22	3.23	14.28	14.32
30~40	4.92	4.93	8.74	8.77	1.89	1.90	15.55	15.60
20~30	5.39	5.41	12.99	13.03	0.66	0.66	19.04	19.10
10~20	6.44	6.46	11.15	11.18	0	0.00	17.59	17.64
0~10	7.94	7.96	11.62	11.66	0	0.00	19.56	19.62
0~60	32.51	32.61	56.19	56.36	11.00	11.03	99.70	100.00

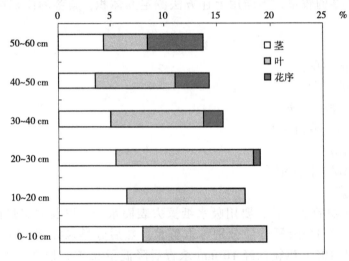

图 2-27　红豆草草层质量结构

表 2-23　草层结构原始测试数据记录

牧草名称		年限		茬次		生育时期		测定日期			
层次/cm	体积/cm³				叶面积/cm²		风干质量/g				
	茎		叶		花序		小计	叶片	茎		叶		花序		小计	
	cm³	%	cm³	%	cm³	%	cm²	%	cm²	%	g	%	g	%	g	%	g	%

编写：南丽丽　审稿：闫艳红

实习 17　牧草及饲料作物生产性能测定

1. 目的和意义

牧草及饲料作物是畜牧业的重要物质基础，其生产性能直接影响畜牧业的生产水平和经济效益。合理的种植管理和品种选择可以减少化肥和农药的使用量，降低对环境的污染，促进农业的可持续发展。

本实习通过对不同种、品种或不同栽培条件下的牧草及饲料作物进行生产性能测定，科学评估其优劣，筛选出适合当地种植的优良品种，为人工草地的生产管理和合理利用提供科学依据。

2. 实习内容

测定比较不同种、不同生活年限的栽培牧草地、饲料作物的植株高度、生长速度，用取样测产和小区测产分别测定其生物学产量和经济产量，记录产量的动态变化以及年度总产量，学习茎叶比及分蘖（分枝）数关键生产指标的测定方法，鉴定不同栽培牧草及饲料作物的生产优势及经济价值。

3. 仪器和材料

3.1　仪器设备

镰刀、电子秤、天平、剪刀、钢卷尺等。

3.2　实习材料

不同种、不同生活年限的栽培牧草及饲料作物、塑封袋、信封、线绳等。

4. 实习操作

4.1　植株高度和生长速度的测定

（1）植株高度

牧草的植株高度与产草量成正比，同时其再生草的高度与牧草的利用方式（刈割、放牧或兼用）、在混播组合中占有的比例密切相关。

植株高度分为 3 种：

①草层高度：是指样方内大部分植株所在的高度。

②绝对高度：是指植株和地面垂直时的高度，或者是把植株拉直后测量的高度。植株高度一般从地面量至叶尖（开花期前）或花序顶部（开花期后），禾本科的芒不算在内。

③自然高度：是指牧草在自然生长状态下植株生长的最高部位垂直地面的高度。

直立生长的牧草自然高度与绝对高度相差无几,但对匍匐型牧草来说,差异则很悬殊。植株高度的测定采用定株法或随机取样法,取代表性 10 株测定后取平均值。测定时间可根据不同的目的在各生长发育时期进行,如 1 周、10 d、15 d 或 1 个月,甚至 1 个季度测 1 次。每次记录的植株高度数据填入表 2-24 中。

表 2-24 植株高度观测记载

测产日期	小区编号	牧草名称	生育时期	测定值/cm										平均植株高度/cm
				1	2	3	4	5	6	7	8	9	10	

注:生育时期指刈割时的生长发育阶段。

(2)牧草生长速度

牧草生长速度是指单位时间内牧草生长的高度,其测定结合植株高度的测定进行,多采用定株法,每 10 d 或一定时间间隔测 1 次,然后计算每天生长的高度。随机取样时,2 次测定间隔时间不能过短,以防出现负增长。

4.2 饲草产量的测定

(1)饲草产量的种类

①生物学产量:是指牧草及饲料作物生长期间生产和积累的有机物质的总量,即除去根系外的整个植株的总风干物质的收获量。在组成植株的全部风干物质中,有机物质占 90%~95%,矿物质占 5%~10%,可见有机物质的生产及积累是形成牧草及饲料作物饲草产量的主要物质基础。

②经济产量:是指种植目的产品的收获量,是生物学产量的一部分。由于牧草及饲料作物种类和栽培目的不同,经济产量的部位也不同,如牧草种子田的产品是种子,饲草生产田的产品为茎和叶等。经济产量的形成是以生物学产量即有机物质总量为基础,没有高的生物学产量,高的经济产量也就无从谈起。然而,即使有的生物学产量比较高,究竟能获得多少经济产量,还需要看生物学产量转化为经济产量的效率,即经济系数=经济产量/生物学产量。经济系数越高,说明有机物质的利用越经济。

(2) 测产方法

①取样测产：当试验地面积较大，人力、物力、时间等条件不允许进行全部测产时，宜采用取样测产。取样面积可选择 1/4 m²、1/2 m²、1 m² 或 2 m²，样方的形状宜选择正方形或长方形。取样方法通常采用随机取样、顺序取样和对角线取样，重复不少于 4 次。取样时应注意样方的代表性，不得在边行及密度不正常的地段取样。

②小区测产：即对试验小区内牧草及饲料作物的植株全部刈割收获后称重，对试验设置的所有重复小区均需进行测产。实行小区测产的条件是小区面积小、重复数少、人力充足，可以在 1 d 内完成全部小区测产工作。小区测产的准确度高，但花费人力多、时间长，大面积试验不宜采用小区测产。产量数据填入表 2-25 中。

$$产草量(kg/hm^2) = \frac{小区(样方)(kg)}{计产面积(m^2)} \times 10\ 000 \tag{2-22}$$

表 2-25 产草量记载

小区编号	牧草名称	第一次刈割				第二次刈割				……	年累计总产量	
		测产日期	生育时期	计产面积/m²	鲜草重/kg	干草重/kg	测产日期	生育时期	计产面积/m²	鲜草重/kg	干草重/kg	……	鲜草/(kg/hm²)	干草/(kg/hm²)

注：1. 测产日期记载格式为"日/月"；
2. 生育时期指刈割时的生长发育阶段。

产草量的测定通常采用刈割法，用镰刀或剪刀齐地面（生物学产量）或距地面 3~5 cm（经济产量）割下牧草地上部分，取样面积宜选择 0.25~1 m²，设置 4~10 次重复，刈割后立即称重得鲜草产量，之后从鲜草中称取 1 000 g 装入布袋阴干，质量不变时称重得到风干重。或从鲜草中称取 500 g 左右样品，放入 105℃烘箱内经 10 min 杀青后降温至 65℃，经 24~48 h 烘至恒重得到风干重。每次记录的产量数据填入表 2-26 中。

因为测定目的不同，测定时间也不一致，按时间特征来归纳可以有下列两种产量的测定：

a. 年总产量。是在人工草地适宜利用的时期测定第一次产量，当牧草刈割或放牧后再生生长到可以再次利用的时期和高度时，再次测定其再生草产量，依此类推，再生草产量可测多次，各次测定的产量相加就是年总产量。

b. 动态产量。是在不同时期测定的一组产量。在进行动态产量测定时，要设置有围栏保护的定位样地，在样地上根据试验设计预先布置样方，对定点样方进行固定时间间隔的产量测定。动态产量的测定可按牧草的生长发育期，也可按一定的间隔时间，如 10 d、15 d、1 个月或 1 个季度测 1 次，据此数据可绘制该牧草生长强度趋势图。

4.3 茎叶比的测定

以收获草产品为目的时，草产品的营养物质主要集中在叶片，叶量较大时，草产品的适口性好，消化率高。因此，牧草中的叶含量显著影响草产品中的营养物质含量，茎叶比是衡量草产品品质的重要参考指标之一。

茎叶比的测定方法为在测定产草量的同时取草样 500 g，将整株牧草的茎、叶、叶鞘和花序分开，放入 105℃烘箱内经 10 min 杀青后降温至 65℃，经 24~48 h 烘至恒重，计算茎与叶的百分比。叶鞘和花序均计入茎部分，茎叶比测定数据填入表 2-26 中。

表 2-26 茎叶比测定记载

测定日期	小区编号	牧草名称	叶茎总干重/g	叶干重		茎干重	
				质量/g	占叶茎总重/%	质量/g	占叶茎总重/%

4.4 分蘖(分枝)数的测定

参见实习 6。

4.5 种子产量的测定

①随机选取样方 6~10 个，总面积控制在 6~10 m²。

②每公顷穗数的测定：调查每个样方内的有效穗数，计算得到平均穗数，进而计算每公顷穗数。

③穗粒数的测定：取 20 株代表性植株测定穗粒数，计算穗粒数均值。

④每千克粒数的测定：测定牧草种子千粒重，计算得到每千克粒数。

$$每千克粒数 = 1\ 000/千粒重 \times 1\ 000 \tag{2-23}$$

⑤种子产量的测定/计算：将样方内植株全部刈割后脱粒、称重后折算成每平方米种子产量，或根据下列公式求出每公顷草地种子产量：

$$\text{种子产量}(\text{kg/hm}^2) = \text{每公顷穗数} \times \text{穗粒数}/\text{每千克粒数} \qquad (2\text{-}24)$$

种子产量构成数据测定后填入表 2-27 中。

表 2-27 种子产量及产量构成记载

测产日期	小区编号	牧草名称	植株高度/cm	计产面积/m²	穗数/个	穗粒数/个	千粒重/g	种子产量/(kg/hm²)

5. 实习报告

依据实习内容撰写实习报告,要求包括实习目的和意义、实习地点、实习内容和方法、实习结果及实习结论。每组测定 3 种禾本科或豆科牧草的生产性能,并对牧草的生产性能状况进行分析。

编写:田莉华 审稿:南丽丽

实习 18　牧草及饲料作物机械化栽培观摩

1. 目的和意义

牧草及饲料作物机械化栽培对于提高饲草产业生产效率、降低人力成本，改善土壤质量，同时满足现代畜牧业对高质量饲草的需求具有重要意义。考虑到牧草生产的季节性特点和各院校实习条件的局限性，本实习要求学生以小组方式，采用现场观摩和数字资源学习相结合方式，认知牧草及饲料作物播床整理、播种、田间管理、收获加工等环节的机械化技术和机械装备。

通过实习，了解当前牧草及饲料作物生产中所使用新设备、新工艺及农机新技术；了解相关机械装备基本工作原理、主要结构和作业过程，让学生更多地参与到饲草生产的实践中，提高动手能力。同时，通过校企融合等方式，使学生对新技术赋能现代草业生产有更进一步的认识和了解，增强其专业情结和守正创新意识。

2. 实习内容

本实习的形式依据各地情况可选择校内视频观看实习和校外草业机械装备企业或机械装备配套比较齐全的牧草生产基地现场观摩实习两种。

按照牧草及饲料作物四个生产环节所涉及的作业工序需要的机械和配套装备进行观摩学习。由于实习时间的长短和设置与牧草及饲料作物种类及其栽培生产的作业季节存在难以调和的矛盾，所以各地应依据自身条件，采取视频和现场、组合和分解等方式，调整观摩与实习所涉及的机械装备种类，因地制宜地制订实习内容。主要生产环节及涉及机械装备包括：

实习 18　视频

①播床准备阶段：包括铧式犁、旋耕机、重型耙、深松机等。

②播种机械：包括条播机、撒播机、免耕补播机等。

③田间管理机械：包括施肥机、洒药机、喷灌设备等。

④收获加工机械：包括割草机、搂草摊晒机、捡拾打捆机、草捆捡拾机、青饲料收获机和青贮打捆机等。

3. 栽培主要生产环节机械装备

3.1　播床准备阶段

（1）铧式犁

①机具类型及功能：

a. 牵引式铧式犁（图 2-28）。通过拖拉机牵引带动工作部件耕翻土壤的铧式犁。工作或运输时，机具与拖拉机间采用单点挂接，其质量均由本身具有的轮子承受。借助机械或液压机构来控制地轮调整犁体高度,达到控制耕深目的。牵引式铧式犁工作稳定,作业质量较好,但结构复杂,机组转弯半径大,机动性较差,适用于大地块作业。

b. 悬挂式铧式犁(图2-29)。通过悬挂架与拖拉机三点悬挂机构连接带动工作部件耕翻土壤的铧式犁。作业时,犁的耕深由拖拉机液压系统控制;运输时,全部质量由拖拉机承受。悬挂犁结构紧凑、机动性强,是生产中应用最广的一种类型。

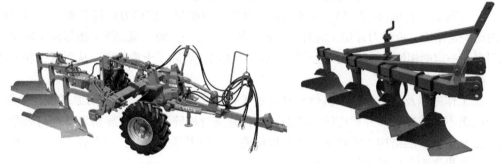

图 2-28 牵引式铧式犁　　　图 2-29 悬挂式铧式犁

c. 半悬挂式铧式犁(图2-30)。是在悬挂式铧式犁基础上发展起来的机型,运输状态时,犁的质量一部分由拖拉机承受,另一部分由犁本身支持轮承受。犁前部分犁体的耕深可用限深轮的高度调节,也可用拖拉机的力调节。半悬挂式铧式犁的优点介于牵引式铧式犁与悬挂式铧式犁之间,它比牵引式铧式犁结构简单、质量轻、机动灵活、易操作;比悬挂式铧式犁能配置更多犁体,稳定性和操作性较好。

② 工作过程及特点:铧式犁是以翻土为主要功能并有松土、碎土作用的土壤耕作机械,主要由主犁体、犁壁、犁铧和犁刀组成。铧式犁工作时,主要依靠由犁铧与犁壁组成的犁体曲面作业,方式是先由犁铧切出土垡,然后土垡沿犁壁破碎翻转,将地表的杂草覆盖到下面。适用于农田耕前灭茬、破除地表板结和平整保墒等作业。其特点是有效阻止了杂草的快速生长和地表的病虫危害,保持土壤水分,平衡土壤酸碱值,提高土壤中的养分与水分等。

(2) 旋耕机

① 机具类型及功能:

a. 横轴式旋耕机(图2-31)。利用旋耕刀辊和切土刀片切削土层,并将土块向后上方抛到罩壳和拖板上,完成土体破碎的机械。该类机械具有较强的碎土能力,一次作业

图 2-30 半悬挂式铧式犁

图 2-31 横轴式旋耕机

即能将土壤破碎，土肥掺和均匀，地面平整，达到播种的要求。但对残茬、杂草的覆盖能力较差，耕深较浅，能量消耗较大。

b. 立轴式旋耕机（图2-32）。工作部件为装有2~3个螺线形切刀的旋耕刀轴。作业时旋耕刀轴绕立轴旋转，切刀将土切碎。其突出的功能就是可以进行深耕，而且可使整个耕层土壤疏松细碎，但前进速度较慢，覆盖性能差。

c. 斜轴式旋耕机（图2-33）。工作部件在水平面内斜置，旋耕刀回转平面与机器前进方向呈一定角度，旋耕刀片切土时有一沿轴向的相对运动。同一螺旋线上相邻两个旋耕刀之间存在一定的相位差。斜轴式旋耕机工作时不重耕，解除了土壤约束，从而减少功率消耗、降低耕作阻力。

②工作过程及特点：旋耕机作业时通过工作部件主动旋转，以铣切原理加工土壤，由于机组不断前进，刀片就连续不断地对未耕地进行松碎和整平。旋耕机具有打破犁底层、恢复土壤耕层结构、提高土壤蓄水保墒能力、消灭部分杂草、减少病虫害、平整地表，以及提高农业机械化作业标准等作用。

图2-32 立轴式旋耕机　　　　　图2-33 斜轴式旋耕机

(3) 重型耙

①机具类型及功能：

a. 牵引式重型耙（图2-34）。由牵引架、液压系统、耙架、耙组、运输轮等组成。在拖拉机牵引动力的作用下滚动前进，耙组受重力和土壤阻力的作用，边滚动边切入土壤并达到预定耙深的机械。牵引式重型耙具有高效灭茬能力，适合高茬地、荒地或玉米茬地等恶劣的作业环境。

b. 半悬挂式重型耙（图2-35）。由悬挂架、液压系统、耙架、耙组、运输轮等组成。通过提升器牵引机具，耙组切断草根或作物残茬，并使切碎的土块沿耙片凹面略微上升

图2-34 牵引式重型耙　　　　　图2-35 半悬挂式重型耙

翻落完成翻土的机械。该机适用于在荒地和黏重土壤上进行耕前灭茬和耕后碎土,具有一定的翻土、覆盖作用。

②工作过程及特点:重型耙工作时,耙组各个耙片滚动前进。在耙的重力作用下,耙片切入土壤,切断草根或作物残茬,并使切碎的土块沿耙片凹面略微上升翻落,具有一定的翻土覆盖作用。重型耙作业效率高,入土、碎土能力强,耙后地表平整、土壤松碎,对黏重土壤、荒地和杂草多的地块具有较强的适应能力。

(4)深松机

①机具类型及功能:

a. 间隔深松机(图2-36)。包括对全层土壤进行间隔疏松的深松机械(如凿式或单柱式深松机)和对中层、下层土壤深松的同时对全表层土壤进行疏松的深松机械。作业时,通过刃口铲柱和安装在其下端的深松铲进行深层土壤全层疏松作业。该机性能形成虚实并在的耕层结构,虚部深蓄水,有利于土壤通气和好气微生物活动,并促进嫌气分解,土壤腐殖化较强。

b. 全方位深松机(图2-37)。采用"V"形(或称倒梯形)铲刀部件及底部水平刀刃和左、右两侧刀刃从土层中切分出倒梯形土壤断面,形成梯形断面的土流被抬起、断裂和疏松的机械。该类机型适用于配合农田基本建设,改造耕层浅的土壤,可使整个土层达到松、碎的效果,作业后地表平整。但其缺点是机具工作原理单一、落后,松土范围小且耕作比阻大,耗油高,松后形成朝天沟缝导致跑墒等。

图2-36 间隔深松机　　图2-37 全方位深松机

②工作过程及特点:深松机通过悬挂架的上悬挂点和两个下悬挂点与拖拉机悬挂机构相连接构成一个机组。工作时,竖直安装的刀杆最下端的深松铲向前上方挤压土壤,由于深松铲不断地向前运动,深松铲前方的未耕土壤不断产生自下向上与前方的剪切裂纹,从而使土壤发生破碎。深松作业有利于改善土壤耕层结构,打破犁底层,提高土壤蓄水保墒的能力,深松形成的虚实并存的土壤结构有助于气体交换、矿物质分解、活化微生物、培肥地力。

3.2　播种阶段

(1)条播机

①机具类型及功能:

a. 机械式条播机(图2-38)。采用机械式排种器进行排种作业的条播机。其结构比较简单,但对种子的要求较为严格,须精选分级,排种机构在充种和刮种时容易伤种,且播种作业速度受到限制,不适应高速作业。常用的机械式排种器有外槽轮式、内槽轮式、指夹式、磨盘式等。

b. 气力式条播机(图2-39)。采用气力式排种器进行排种作业的条播机,利用真空的吸力或气压的作用使种子吸(压)附于排种盘的排种孔处,以实现播种。气力式排种器对种子的外形尺寸要求不如机械式的严格,且不易伤种,对种子的适应性较广,排种性能好,能适应较高的播种速度,但要求密封性好,结构复杂且风机消耗动力较大,使用技术要求较高。常用的气力式排种器有气吸式、气吹式。

图2-38　机械式条播机　　　　　图2-39　气力式条播机

②工作过程及特点:条播机工作时,行走的轮子带动排种的轮子,种子从种子箱内的种子杯按要求的播种量排入输种管,并且经过开沟器落入开好的沟槽内,然后由覆土镇压装置将种子覆盖压实,出苗后作物成平行等距的条行。条播的优点是有一定的行间距离,有利于田间管理,且光照和通风条件较好,受光均匀,播种深浅一致,有利于壮苗。

(2)撒播机

①机具类型及功能:用于进行高质量、大面积的将种子撒于地面,再用其他工具覆土的播种机,能够轻松用于农田耕前撒播底肥、耕后播种及草场、牧场的种肥混合撒播、雪后融雪剂的撒播等作业。撒播机按动力分有人力、畜力和机力(拖拉机牵引或悬挂)撒播机;按主要工作部件的工作原理分有落下式(重力式)和离心式撒播机。

图2-40　撒播机

②工作过程及特点:撒播机工作时,种子箱内的种子,由于机体震动或搅拌器的搅动,靠自重经箱底出口下落到高速旋转的撒布器上,受到离心力作用被撒播到地面。撒播机一般用于小粒种子,可以充分利用土地,结构较为简单,但撒播机撒下的种子分布不均匀,覆土深浅不一,播种质量差。撒播机也可应用于航空播种,由于无人机速度快,既可适时播种,又能撒播均匀、改善播种质量(图2-40)。

（3）免耕补播机

①机具类型及功能：免耕施肥补播机是可同时施播种子和化肥的机具，在施播过程中，种子和化肥从各自的通道播下，可防止某些化肥损坏种子，可调节土壤构成、改善植被生育和营养条件。

②工作过程及特点：免耕施肥补播机作业时，圆犁刀在前面切入土内，将草根割断；随后带铲柄的松土铲开出沟槽，同时在草皮下松土。牧草种子经排种和排肥装置各自播入沟内，经覆土镇压后完成施肥补播作业。施肥补播机既能施肥补播一体化作业，也可单独播种、单独施肥，是一种通用性较大的机具，且能保质保量满足作物生长所需要的营养条件。牧草免耕播种机和免耕精量播种机如图2-41、图2-42所示。

图 2-41　牧草免耕播种机

图 2-42　免耕精量播种机

3.3　田间管理阶段

（1）施肥机

①机具类型及功能：

a. 离心转盘式撒肥机（图2-43）。化肥靠重力及转动的底转盘和排出轮使其在盘底上形成均匀层，利用化肥与底转盘的摩擦力，经排量调节门输送到左右排出轮处，改变化肥原运动方向，至转盘边缘落入输肥管排出。

b. 液态肥条施机（图2-44）。机器通过仿形圆盘切刀将地表上的作物残茬切碎与疏松土壤，由犁刀开出一定深度的沟槽。在仿形圆盘切刀的作用下，保证了输肥深度一致性，输肥软管安装在犁刀后方，随即喷出液态肥，完成液态肥的条施与深埋。

图 2-43　离心转盘式撒肥机

图 2-44　液态肥条施机

c. 深施型斜置式液肥穴施机。在整机作业过程中，由液压装置驱动挖坑链传动机构进行升降运动，驱动盘型挖坑刀转动，盘型挖坑刀结合挖坑链传动机构的旋转升降运动实现挖坑作业；当达到一定挖坑深度时，肥料箱中的肥料通过软轴拉线在四杆机构的运动下带动棘轮转动开始施肥作业；挖坑过程中，盘型挖坑刀将土上扬到弧形覆土器下，覆土板移动，将弧形覆土器后扬的土回填至坑中。多用途施肥机如图 2-45 所示。

图 2-45　多用途施肥机

②工作过程及特点：施肥机根据肥料的形态可以分为固态化肥施肥机和液态化肥施肥机。固态化肥施肥机一般由化肥输送单元将肥箱中的化肥输送到排施元件，流通过程中的排量控制元件可以通过控制截面而控制排肥量，最后由排施元件按照特定速度和方向施用化肥。液态化肥施肥机一般将肥料按照特定比例溶于水，然后同样经过输送单元和排施单元将液肥按照一定形状和间隙施用。固态化肥施肥机具有体积小、质量轻、结构紧凑、通用性广等特点；液态化肥施肥机具有工艺先进、自动化程度高、部件精密程度高、维护维修成本高等特点。

（2）洒药机

①机具类型及功能：

a. 机动喷雾机。泵体高压室顶部装有控制发动机油门的自动压力控制机构，高压室与低压室之间装有调压阀，叶轮轴上装有自动离合式皮带轮，背负式喷雾器的汽油发动机轴上装有花键套及其皮带轮，用皮带连接自动离合式皮带轮，自动压力控制机构与背负式喷雾器的汽油发动机油门上油门拉线连接在一起。背负式机动喷雾器如图 2-46 所示。

b. 动力喷粉机。背负式机动喷雾喷粉机（又称背负机，图 2-47）是采用气流输粉、气压输液、气力喷雾原理，由汽油机驱动的机动植保机具。该机广泛用于较大面积的农林作物的病虫害防治工作，以及化学除草、叶面施肥、喷洒植物生长调节剂等工作。

图 2-46　背负式机动喷雾器　　图 2-47　背负式机动喷雾喷粉机

c. 烟雾机（图 2-48）。节能型触发式烟雾机是利用航天火箭发动机的脉冲喷气原理设计制造的新型施药、施肥、杀虫灭菌机器。该机可以把药物和肥料制成烟雾状，具有较好的穿透性和弥漫性，药物附着性好，抗雨水冲刷强。

②工作过程及特点：启动汽油机，使其处于低速运转状态，添加药水，通过左右摆动喷管以增加作业幅宽，转动药液开关转芯角度以调节喷量大小。待机组运转正常且具有良好的作业技术状态后，进行后续田间洒药作业。作业结束后，将剩余药业全部排出至指定容器，清理药箱及其他洒药部件，并按照使用说明进行维护和保养。该机简便、易操作，喷雾均匀，省力，适用于边缘上或山区田间地头喷施农药。

(3) 喷灌设备

①机具类型及功能：

a. 管道式喷灌设备。移动管道式喷灌系统是指其动力机、水泵、干管、支管和喷头等设备都可移动，在每次灌溉后可以将设备搬迁到不同地区使用。这种喷灌系统的设备利用率高，单位面积投资低，但劳动强度较大，还可能损坏部分作物。移动时也可以将整个系统装在一台拖拉机上，形成一个能自己行走的整体，如双悬臂机组式喷灌系统。大型平移喷灌设备如图 2-49 所示。

图 2-48　烟雾机

图 2-49　大型平移喷灌设备

b. 机组式喷灌设备。通常指由一台动力、一台水泵、只配一个喷头而组成一台完整的单喷头喷灌机。动力是采用现有的电动机或柴油机，或者直接与拖拉机配套。机组式喷灌机如图 2-50 所示。

②工作过程及特点：动力机带动喷水泵运转后，泵内的叶轮在高速运转产生的离心力作

图 2-50　机组式喷灌机

用下，叶轮流道里的水被甩向四周，压入蜗壳，叶轮入口形成真空，水池或储水罐的水在外界大气压力作用下沿吸水管被吸入，补充了这个空间，继而被吸入的水又被叶轮甩出蜗壳，进入水管，再压入喷头，喷洒到田间或草场的作物上。

3.4 收获加工阶段

(1) 割草机

① 机具类型及功能：

a. 往复式割草机。应用剪切原理切割饲草，属于有支撑切割。往复式割草机有牵引、后悬挂、前悬挂、侧悬挂、半悬挂等多种类型。往复式割草机由切割器、机架（或悬挂架）、传动机构、起落机构等部件组成。往复式割草机按切割器类型又可分为单动刀（有护刃器）割草机和双动刀（无护刃器）割草机。作业时，单动刀割草机割刀做往复运动，与定刀片形成切割副进行切割。双动刀割草机上下割刀做相反往复运动，动刀片之间组成切割副剪切饲草。往复式割草压扁机如图 2-51 所示。

b. 旋转式割草机（图 2-52）。采用高速旋转的切割器，利用刀片的线速度以无支承切割原理切割植株。割刀线速度达 50~90 m/s，可以实现高速作业。旋转式割草机按切割器旋转方向有垂直旋转和水平旋转两类。割刀在垂直面内旋转的割草机，包括甩刀式割草机，多用于青饲收割和草坪割草。旋转割草机一般由机架、传动系统、切割器、提升仿形机构、防护罩等组成。

图 2-51 往复式割草压扁机

图 2-52 旋转式割草机

② 工作过程及特点：牧草刈割后需要同步进行压扁、弯折或是击打、梳刷处理，目的是破坏茎秆表面结构，加快茎秆水分蒸发，保证茎叶同步干燥，最大限度地减少落叶损失，提高干草质量。往复式割草机所需拖拉机配套动力相对较小，具有割茬整齐、造价低等优点，但该类机具易发生堵塞且工作效率低于圆盘式割草机，通常适用于平坦的天然草地或是产量一般的人工草场。圆盘式切割器适用于切割相对较粗的茎秆作物，作业速度快，割草效率高，但割茬不整齐，同时造价相对较高。

(2) 搂草摊晒机

① 机具类型及功能：

a. 横向搂草机（图 2-53）。作业时，饲草移动距离大，草条连续性较差。由于搂齿触地，搂集草条陈草较多，易被泥土和其他异物污染。对于一些天然草场搂齿端部容易划伤草地，影响饲草再生。

b. 牵引式指轮搂草机（图 2-54）。该机的指轮数和工作幅宽较悬挂式大，由机架、指轮、地轮（牵引式）和升降调节机构等部分构成。作业时，由于弹齿端部与地面接触作用，在弹齿端部产生一个分力，驱动指轮把草拨向下一个指轮的作用范围内，依次

图 2-53　横向搂草机

图 2-54　牵引式指轮搂草机

拨向最后一个指轮，在最后一个指轮的外侧形成草条。改变指轮与前进方向的夹角，使上一个指轮拨动的草不能到达下一个指轮的作用范围，机器便处于翻草工作状态。

c. 转子水平旋转搂草机。该机一般由单个或 2～4 个单转子组成，采用双联或四联配置。转子动力由拖拉机动力输出轴或液压输出，各转子由液压或机械控制转子升降，并通过液压或弹簧机构实现仿形。多转子水平旋转搂草机作业时可形成单草条或双草条，大部分机器通过机械或液压机构可调节草条宽度。该机工作幅宽较大，适于大型草场使用。转子式搂草机如图 2-55 所示。

图 2-55　转子式搂草机

②工作过程及特点：搂草机的作用是将割后铺放在田间的散草搂集成草条以适应后续作业的需要。摊晒机的作用是摊散、翻动晾晒到一定程度的散草或草条，加速饲草的干燥，并使其干燥均匀。

(3) 捡拾打捆机

①机具类型及功能：捡拾打捆机按照打捆类型可以分为方草捆打捆机和圆草捆打捆机两种。

a. 方草捆打捆机(图 2-56)。是指能把散状饲草经压缩后打成长方体草捆的设备，简称打捆机或方机。方草捆打捆机主要用来对各种牧草和稻麦秸秆进行成捆收获，其成捆收获工艺是当前普遍采用的收获工艺，可自动实现作物的捡拾、压缩、打捆。

b. 圆草捆打捆机(图 2-57)。是将不同种类的物料制成圆柱形捆状物的

图 2-56　方草捆打捆机

图 2-57 圆草捆打捆机

机械，其功能是将搂集成条的牧草或农作物秸秆等物料经捡拾、喂入、压缩后制备成圆草捆，简称圆捆机。圆草捆打捆机是一种农村牧区均适用的收获机具，主要用于切割晾晒后的牧草或田间稻、麦等农作物秸秆的收获作业。它能将田间铺放的草条自动捡拾起来，通过输送喂入、旋转压缩成形、缠绕捆绳或包卷绳网等作业工序，把散状秸秆或牧草捆扎成外形整齐规则的圆柱形草捆。

②工作过程及特点：拖拉机的动力输出轴通过万向传动轴，将拖拉机的动力输入到圆捆机的输入轴，通过链轮、链条分别传动卷压滚筒机构和捡拾机构；使用拖拉机液压输出接口控制油缸活塞伸缩，实现放捆作业。在收获后成垄的秸秆草上，随着拖拉机牵引捡拾打捆机的前进，挂上动力输出轴，已预调好适当高度的捡拾机构开始转动，捡拾秸秆草喂入卷压室，随着捆扎机滚筒的连续转动，进入卷压室的秸秆草逐渐由小变大形成紧密圆捆。当草捆达到预定密度时，自动打开涨仓开关，报警喇叭鸣响，司机停止拖拉机前进，推动送绳离合器，送绳开始，绕预定圈数后，自动割断绳索，扎绳结束。司机拉动液压操纵杆使液压阀换向，油缸工作，后机架打开，抛出草捆。放捆后，复位液压阀，关闭后机架，一个循环结束，拖拉机继续前进，捡拾开始下一个循环。

(4) 草捆捡拾机

①机具类型及功能：

a. 滑道式草捆输送器。一般是由钢管组成的滑道。底部有两个滑道供草捆滑动，侧面各有一个滑道控制草捆滑动方向。它挂接在方捆机压捆室的后部，草捆从压捆室推出后直接进入滑道。借助压缩活塞的推力，使草捆沿滑道上升，被输送到拖车上。在作业过程中草捆可以在拖车上自然堆放，也可以人工将草捆码成垛。草捆捡拾运输码垛一体机如图 2-58 所示。

b. 链条式草捆捡拾机。有垂直输送和倾斜输送两种，其工作原理基本相同，主要工作部件是升运链。升运链由地轮驱动，朝升运腔体方向装有尖型齿，在向上运动中将进入升运腔体内的草捆升起。草捆进入升运腔体后被升运链提升至升运腔体的上部，在挡草杆的作用下草捆翻转 90°，呈横向放在平台上。升运腔体前方的压捆板对升运中的草捆保持一定的压力，

图 2-58 草捆捡拾运输码垛一体机

从而保证草捆被顺利提升。运输时，将机器向后翻转，运输位置牵引杆与拖拉机挂接。这时将地轮传动牙嵌式离合器调到离的位置切断传动。该机具有结构简单，便于与拖车或汽车配套，适应性好等优点，但与其他形式草捆捡拾装载机比较需要劳动力较多。小方草捆捡拾车如图 2-59 所示。

c. 大方草捆捡拾运输机械。目前，有多种与拖拉机配套的大方草捆装载机，装载草捆部分有叉式、夹持式等。运输机械的尺寸和形状也适应装运草捆的要求。在饲草机械发达的国家和地区，大方草捆装载运输机械成套性较好。草捆装载机如图 2-60 所示。

图 2-59　小方草捆捡拾车

②工作过程及特点：田间草捆的捡拾、运输、装卸和集垛等工序，是饲草收获中费时费力的作业项目。在整个生产过程中也要求尽快将草捆移走，腾空地面。

图 2-60　草捆装载机

3.5　青贮收获机械装备观摩

(1) 青饲料收获机

①机具类型及功能：

a. 自走式青饲料收获机 (图 2-61)。用来直接收获或收集青饲料，将作物收割切碎并抛送到运输车或自备集料箱上，以备青贮用的自走式农业机械。该机结构较为复杂，适用于玉米、皇竹草、高粱、紫花苜蓿等农作物收获，在田间能一次完成作物的收割、输送、揉搓、切碎、抛送、跟车或自卸装料等作业流程。它主要由圆盘式可折叠割台、双对辊喂入机构、压扁机构、切碎机构、籽粒破碎与抛送系统、驾驶室、防护装置、转向轮、车架总成、静液压驱动系统等部分组成。

矮秆作物青贮收获机主要由割台、喂入搅龙、弹齿捡拾器、压扁机构、切碎机

图 2-61　自走式青饲料收获机

构、抛送系统、驾驶室、防护装置、转向轮、车架总成、静液压驱动系统等部分组成。采用不对行的方式收获紫花苜蓿、燕麦、甜菜茎叶等低矮青饲作物的农业机械装置，克服了对行式青贮饲料收获机农艺适应性不足的缺点，满足不同地区种植行距不一致的要求，割茬低、适合草多、倒伏等低矮玉米作物，可兼收大麦。自走式青贮收获机如图2-62所示。

图2-62　自走式青贮收获机

b. 悬挂式青饲料收获机（图2-63）。整机悬挂在拖拉机上使用，采用全悬挂与半悬挂两种工作方式可相互转换的布局，主机一般只配带高秆作物割台，用于收获青饲玉米和高粱，具有结构紧凑、转弯半径小、机动灵活等特点，适合于小型奶牛场、农牧场和个体户使用。它主要由圆盘式割台、对辊喂入机构、压扁机构、切碎盘刀及定刀、抛送系统、防护装置、悬挂架、车架总成、机械传动系统、万向节、安全离合器、液力传动系统、液力变速器、分配器、快速接头等部分组成。

c. 牵引式青饲料收获机（图2-64）。是以拖拉机为配套动力，采用无支撑切割的甩刀式茎秆切碎装置，主机可以配带多种割台作业，具有适应性广、使用成本

图2-63　悬挂式青饲料收获机

图2-64　牵引式青饲料收获机

低、收获后不占动力等特点，但因机组较长，适合在较大地块作业，切段长度不均匀，碎段长度不易调节，饲料清洁度差，并且不能收获高秆作物。它主要由割台、喂入系统、切碎与抛送系统牵引架、传动系统、液压系统等部分组成。

②工作过程及特点：作业时，物料在割台的强制喂入下，经过对辊机构将植株压实并有序输送到切碎装置，被切碎装置均匀切段，并在籽粒破碎装置的高速旋转和差速离心下破碎为碎料，再通过抛送装填装置抛送至收集车厢内或装入自带料斗内。特点是功能齐全、性能可靠、喂入量大、适应性强、高质高效。

（2）青贮打捆机

①机具类型及功能：青贮收获打捆机在收获的同时将青贮料直接打捆商品化，包括自走式青饲料收获打捆机和配合无打捆功能的自走式青贮收获机完成打包的打捆包膜一体机。

a. 自走式青饲料收获打捆机。是一款以轮式底盘承载收割、切碎、籽粒破碎、打捆等多个功能结构的自走式青贮机。特点是功能完备、喂入量大、喂入顺畅、机动性好、作业范围广、致密效果好、打捆密度均匀，可成型并可包膜，制备的青贮饲料比传统窖储发酵效果好、损失浪费少，更可以直接运输、实现商品化。自走式青饲料收获圆捆打捆机如图2-65所示。

b. 打捆包膜一体机。圆草捆打捆包膜一体机可将青贮饲料、秸秆及其他丝状饲草快速打捆包膜，一机多用，生产效率高，市场需求巨大；通过打捆、包膜调制成标准密封草捆，营养保全效果好、贮存期长、适口性好，可直接制作发酵全混合日粮（TMR）。

②工作过程及特点：作业时，整机由外接拖拉机等动力驱动，协同作业的青贮收获机抛送物料落入宽口径输送链上，并由搅拌装置均匀输送至成型腔，物料在一体化链板的快速离心作用下，迅速压缩成型缠网，推送平台上的推送辊将缠网圆捆输送到包膜平台完成快速裹包，包膜达设定层数后，断膜机构迅速断膜完成缠膜裹包。青贮打捆包膜一体机如图2-66所示。

图 2-65 自走式青饲料收获圆捆打捆机

图 2-66 青贮打捆包膜一体机

编写：尤 泳　审稿：王建光

实习 19　人工草地环境因子的物联网测量

1. 目的和意义

随着信息技术的不断发展，各个领域与行业都发生了巨大转变。在这个过程中，物联网技术逐渐在信息化建设中得到更加深入的应用，农业是物联网开发环境的主要应用场景，物联网技术的应用使农业生产与管理方式发生了重大变革，如远程监控农业环境、调节环境的温湿度、加强对人工草地地上和土壤的动态监测和评估、及时发现和解决生产中存在的问题和风险等。物联网技术可以为草地合理建植与科学管理提供有力的技术支持和决策依据。

本实习以小见大，通过微信小程序开发实现人工草地环境因子的物联网测量项目，学习如何把物联网的知识运用到农业场景中。通过对人工草地智能化管理和小程序开发的学习与实践，培养学生的创新思维和动手能力，并对基于物联网的人工智能助力现代草业新质生产力发展有更深入的认识和了解。

2. 实习内容

物联网(Internet of Things, IoT)是指通过各种传感器技术、射频识别技术、全球定位系统(GPS、北斗等)、激光扫描等各种装置与技术；采集物体的声音、光学信号、力学、化学、生物特征及位置等各种信息；通过网络连接，实现对物体的智能化感知、识别和管理，从而实现物与物、物与人的信息传递和交换。物联网是一个基于互联网、传统电信网等的信息承载体，让所有能够被独立寻址的普通物理对象形成互联互通的网络，最终实现万物互联。

3. 仪器和材料

HaaS EDU K1 是基于四核高性能中央处理器芯片打造的物联网开发板，该设备深度集成了物联网操作系统、多种轻应用、阿里云物联网平台等技术和服务，让开发者可以轻松地学习和开发云端实战项目，解决实际场景创新应用，图 2-67 为该设备全景图。

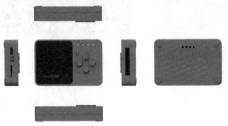

图 2-67　HaaS EDU K1 全景图

4. 实习操作

实习 19 视频

4.1 实习内容

通过 HaaS EDU K1 开发板以及土壤温湿度传感器和水泵，组合成一个物联网系统，把设备的数据和动作状态上传至物联网云平台，应用层面上用微信小程序远端控制设备。主要内容包括：

①学习 WIFI 设备连接阿里物联网云。
②学习使用物联网平台数据流转等功能，来实现应用端的开发。
③学习微信小程序的编写。

4.2 硬件程序实习步骤

①登录阿里物联网平台（https：//iot.console.aliyun.com/），搜索"物联网平台"，进入管理控制台，然后进入"公共实例"，点击创建产品。

②创建一个草地环境测量的产品。

③点击查看"人工草地智能监测",在功能定义一栏中点击编辑草稿,在编辑草稿中添加自定义功能。

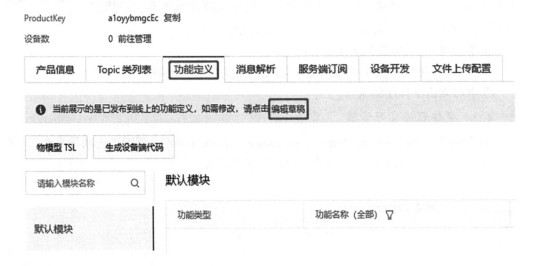

其中,土壤温度:上报温度数据;土壤湿度:上报湿度数据;出水开关:控制水泵浇水;土壤低湿度阈值:用来设置低湿度阈值,配合工作模式中的自动模式来使用;工作模式:手动模式需要在小程序点击浇水,才会浇水,自动模式打开后,土壤的湿度低于湿度阈值就会自动浇水。根据属性配置各功能模块的参数。

④点击发布上线，上线物模型。

⑤发布人工草地智能监测产品。

⑥进入设备，点击添加设备。

找到相应设备查看，随后保存好 ProductKey、DeviceName、DeviceSecret 三元组。

⑦**修改例程代码**。在 https：//code.visualstudio.com/Download 下载 VSCode 安装包，并通过程序引导完成安装。通过 VS Code 打开 ALIOS 文件夹，修改 irrigation_ demo 工程中 data_ model_ basic_ demo.c 文件的 demo_ main( )函数中的三元组（必须使用自己申请设备的三元组）。

保存工程，先编译，点击烧录按钮后下载程序。

⑧实习的硬件设备连接如下图所示。

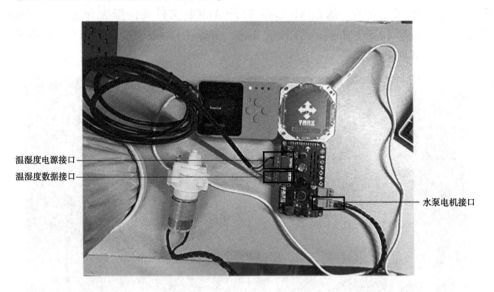

设备硬件连接完成后,点击 HaaS 复位键或者开关 HaaS 电源,系统将开始正常工作。

4.3 硬件程序现象

首先通过串口配网:通过串口配网 HaaS 开发板(波特率:1 500 000)。

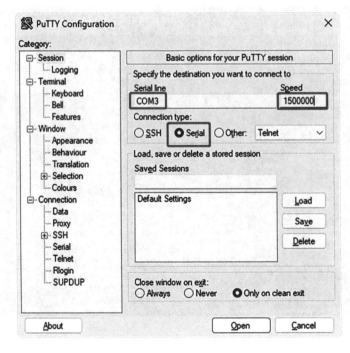

实习 19 人工草地环境因子的物联网测量

如上图所示，当串口打印停止时，输入以下配网命令：netmgr-t wifi-c {ssid} {password}，如 netmgr-t wifi-c MASTER 12345678。

配网完成后，HaaS 在物联网平台上显示出实时的温湿度数据。

测试云端控制：在监控运维目录下找到在线调试，选择好设备之后，显示如下画面。

在线调试页面，测试一下水泵和工作模式，出水开关控制水泵出水，低湿度阈值和自动模式可以使水泵自动浇水，设置如下图所示，点击设置进行数据下发，可以发现水泵电机已打开(注意水泵不能长时间空载)。

4.4 微信小程序操作步骤

(1) 申请微信小程序设备

在产品中再创建一个设备，用来表示微信小程序。

保存此设备的三元组，后续在小程序的源码中需要添加三元组。

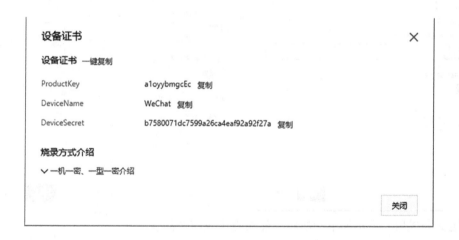

产品添加自定义 Topic，首先撤销发布产品。

定义两个 Topic，按下图来配置。

定义完成后，显示如下图所示，然后点击发布产品。

实习 19
人工草地环境因子的物联网测量

（2）设置规则引擎

进入公共示例，在消息转发菜单下，点击云产品流转，并创建规则。

按照下图设置流转规则。

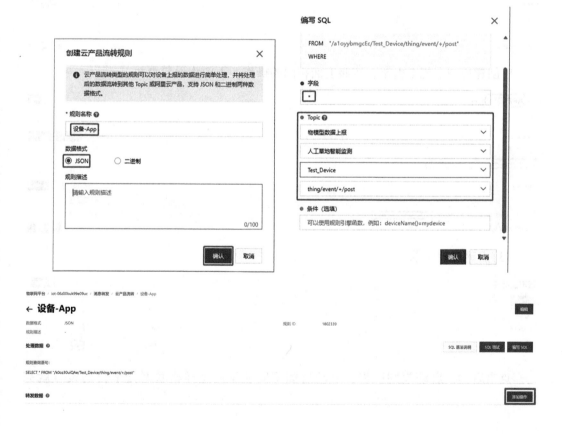

操作完成后查看。

再创建另一个规则引擎,按照上面相同的操作,下图为设置页面。

(3)启动规则引擎

点击启动,启动规则引擎,启动后如下图所示。这样物联网云平台的设置就完成了。

(4) 申请微信小程序

登录微信公众平台(https://mp.weixin.qq.com/)，注册账号，选择小程序。

按照步骤依次注册，输入邮箱、密码、验证码等，同意协议进行注册。然后登录自己的邮箱，查阅邮件，点击链接进行激活。进入步骤(3)，信息登记按照网页要求，依次输入信息、身份信息、管理员微信信息，即可激活成功。返回微信公众平台，输入刚刚注册的账户密码，需要用管理员微信扫码登录，登录后，下载普通小程序开发者工具。点击开发，选择开发设置，获取小程序 ID，以备后续开发需求。

微信小程序开发工具下载完成后，进行默认安装即可。

(5)导入小程序新项目

打开微信小程序开发工具,点击右上角的项目按钮,点击导入项目,之后点击选择文件夹。

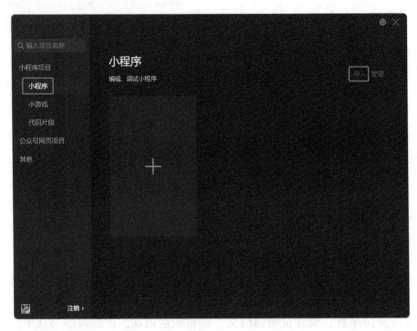

填写自己的 App ID,后端服务选择微信云开发。

打开后画面：

修改三元组：

进入详情，本地设置，按照下图勾选：

保存后,会自动编译,就可以在点击页面调试,也可以真机调试(用微信小程序来控制)。

4.5 整体实习现象

①硬件连接好,串口配网成功。
②使用微信开发工具或者在线调试功能控制。
③可以实现微信小程序数据检测。

5. 实习报告

以小组形式,完成模拟人工草地环境因子的物联网测量,并记录实习结果,每人提交一份实习报告。

编写:吴婷婷　审稿:龙明秀

实习 20　牧草种植综合效益评价

1. 目的和意义

优质牧草是健康畜牧业发展的物质基础和根本保障。在耕地资源有限的情况下，牧草种植更多的是依靠一些不太适宜农作物生长的土地或与林、果、粮等复合种植或轮作等。除了饲草功能，粮草轮作、果草复合等模式兼具生物培肥、改良土壤、抑蒸保墒、减肥增效等作用。因此，从大农业的角度出发，引草入林（果、粮），一体化考虑林、果、草乃至畜禽等生产要素之间的关系，提高土地资源利用率，充分发挥牧草的多功能逐渐成为循环农业中发展的重要模式。

本实习要求学生根据应用场景，自己设计调查问卷，旨在培养学生调查问题和分析问题的能力，从经济效益、生态效益和社会效益三方面对牧草种植的综合效益进行初步评价，深入理解牧草种植在现代农业产业结构调整中的重大意义和专业内涵。

2. 实习内容

选取草田轮作、果草复合等两种或两种以上产业模式开展实地调研，在与当地传统单一农作物下单位土地面积的产出效益比较基础上，对牧草种植的经济效益、生态效益和社会效益进行简要的分析评述。

3. 仪器和材料

调查问卷（根据调研内容，自己制作调查问卷）。

4. 实习操作

①通过走访或老师指导，选取调研对象。

②参考调查样表（表 2-28），制作相应的调查样表或问卷，开展实地调研（调研对象如果是农户，调研份数不少于 5 户），调查样表或问卷内容可根据实际情况适当调整。

③查阅文献资料，进行数据统计与分析，结合调查问卷结果，撰写实习报告。

5. 实习报告

以小组形式开展调研，结合调研资料和调查问卷，从调研目的与意义、种草效益分析、产业现状及存在的问题等方面进行综合分析研判，并阐述自己的观点与建议。提交一份不少于 3 000 字的实习报告。

实习 20　牧草种植综合效益评价

表 2-28　不同种植模式直接经济效益调查表（农户）

户名　　　　　联系电话　　　　　省　　　　地区（市）　　　　县（区）　　　　乡（镇）　　　　村

单位：kg/亩、元/kg、元/亩

种植模式	种植面积	种植投入（主要成本）							产品成本		种植收入					其中牧草产出				
		种子费	水费	肥料费	农药费	机械作业费	土地承租费	人工费	其他费用（请注明）	总成本/元	单位面积成本/（元/亩）	某作物主产品的单位产品成本/（元/kg）	作物产量	市场价格	总收入	单位面积净收入	投资收益率/%	鲜草产量	干草产量	牧草单价	牧草总产量	单位面积蛋白产出	其他间接产出

填表说明：

1. 种植模式：是指种植作物的种类和复合模式，举例：小麦单播、紫花苜蓿+玉米、苹果+白三叶、猕猴桃+黑麦草等；

2. 种子费：是指单位面积种子费用支出；肥料费中，如果包括自家农家肥，按市场价折算在内；

3. 人工费：包括整地、播种、田间管理全程的用工费用（自家劳动力也按照当地雇佣劳动力的价格计算），1个劳动力工作1天为1个工日；

4. 机械作业费：是指从整地、播种到收获期间直接或间接为牧草生产服务的机械折旧与维修摊销费用，包括燃油费。外单位代为耕作的，如果只是一种农作物，按实际支付的作业报酬计算；如果是多种作物，先按实际支付的作业报酬记录，然后根据各作物的实际作业量计算应分摊的机械作业费。自有机械进行耕作的，应按同类作业市价先计算出单位面积成本，然后按各作物的实际机械作业量计算应摊的机械作业费，具体公式：

　　机械作业单位面积成本=机械作业总费用/全年机械作业完成标准单位面积

　　某作物应摊机械作业费=该作物机械作业标准单位面积×机械作业单位面积成本

5. 土地承租费：如果是农户自己的土地，也应按市场承租价将成本计算其中；

6. 某作物单位面积成本=该作物总成本/该作物播种面积；某作物主产品的单位成本=该作物总成本-副产品价值/该作物主产品总产量（kg）；

7. 如果是多年生牧草，牧草产量指多茬产量之和。牧草单价是收割、打捆后的价格，俗称"地头价"，可以是干草、鲜草、饲料作物或青贮原料等，应扣除运费后再折算为实际单价；

8. 单位面积蛋白产出主要是根据各种收获产品中的粗蛋白含量计算得出，如紫花苜蓿亩产 1 t 干草，粗蛋白含量按 20% 计算，则每亩地产出蛋白为 200 kg；

9. 其他间接产出举例，如果草复合模式下，各类豆科牧草除了提供生产效益，同时开花时作为蜜源植物带动蜂产业；林下种草还可以为养殖业提供天然牧场，是循环农业的重要形式，该项收益需查阅资料，根据载畜量和农户经验大致估算而得；

10. 投资收益率是指投资方案达到设计生产能力后一个正常生产年份的年净收益总额与方案投资总额的比例。

编写：姬便便　　审稿：龙明秀

参考文献

陈宝书，2001. 牧草饲料作物栽培学[M]. 北京：中国农业出版社.

甘肃农业大学，1991. 草原学与牧草学实习实验指导书[M]. 兰州：甘肃科学技术出版社.

郭常英，王伟，蒲小剑，等，2022. 播种方式和行距对燕麦/饲用豌豆混播草地生产性能及种间关系的影响[J]. 草地学报，30(9)：2483-2491.

李鹏，李占斌，郝明德，等，2003. 黄土高原天然草地根系主要参数的分布特征[J]. 水土保持研究，10(1)：144-149.

李兴龙，师尚礼，黄宗昌，等，2021. 黄土丘陵区不同饲草混播模式对种间关系的影响[J]. 草地学报，29(6)：1318-1326.

柳茜，傅平，敖学成，等，2016. 冬闲田多花黑麦草+光叶紫花苕混播草地生产性能与种间竞争的研究[J]. 草地学报，24(1)：42-46.

强胜，2009. 杂草学[M]. 2版. 北京：中国农业出版社.

生态系统固碳项目技术规范编写组，2015. 生态系统固碳观测与调查技术规范[M]. 北京：科学出版社.

师尚礼，2021. 草类植物种子学[M]. 2版. 北京：科学出版社.

师尚礼，祁娟，曹文侠，2015. 草田耕作制度[M]. 北京：科学出版社.

孙建财，杨沙，武玉坤，等，2022. 高寒混播草地优势草种生态位与种间竞争力分析[J]. 草地学报，30(5)：1273-1279.

王育松，上官铁梁，2010. 关于重要值计算方法的若干问题[J]. 山西大学学报(自然科学版)，33(2)：312-316.

魏孔涛，鱼小军，白梅梅，等，2022. 混播比例对半干旱区放牧型混播草地草产量及品质的影响[J]. 中国草地学报，44(9)：56-65.

徐正浩，陈雨宝，陈睿，等，2019. 农田杂草图谱及防治技术[M]. 杭州：浙江大学出版社.

于贵瑞，孙晓敏，2018. 陆地生态系统通量观测的原理与方法[M]. 2版. 北京：高等教育出版社.

鱼小军，2018. 饲草学实验实习指导[M]. 北京：中国林业出版社.

张浩，刘楠，王占军，等，2022. 黄土高原放牧型豆禾混播草地系统生产力[J]. 草业科学，39(9)：1890-1903.

张永亮，高凯，于铁峰，等，2020. 禾草种类与混播比例对苜蓿-禾草混播系统生产力及种间关系的影响[J]. 中国草地学报，42(2)：47-57.

赵来宾，李德华，2012. 三维植物根系扫描仪的控制软件开发[J]. 仪器仪表用户，19(1)：62-64.

FAN R, DU J J, LIANG A Z, et al., 2020. Carbon sequestration in aggregates from native and cultivated soils as affected by soil stoichiometry[J]. Biology and Fertility of Soils, 56：1109-1120.

RAJANIEMI T K, ALLISON V J, GOLDBERG D E, 2003. Root competition can cause a decline in diversity with increased productivity[J]. Journal of Ecology, 91(3)：407-416.

TAYADE R, KIM S H, 2022. High-throughput root imaging analysis reveals wide variation in root morphology of wild adzuki bean (*Vigna angularis*) Accessions[J]. Plants, 11(3)：405.

TIWARI J K, BUCKSETH T, CINGH R K, et al., 2022. Aeroponic evaluation identifies variation in Indian potato varieties for root morphology, nitrogen use efficiency parameters and yield traits[J]. Journal of Plant Nutrition, 45(17): 2696-2709.

TRIPATHI P, KIM Y, 2022. Investigation of root phenotype in soybeans (*Glycine max* L.) using imagery data[J]. Journal of Crop Science and Biotechnology, 25: 233-241.

WEIGELT A, JOLLIFFE P, 2003. Indices of plant competition[J]. Journal of Ecology, 91(5): 707-720.

YE G P, LIN Y X, LIU D Y, et al., 2018. Long-term application of manure over plant residues mitigates acidification, builds soil organic carbon and shifts prokaryotic diversity in acidic Ultisols[J]. Applied Soil Ecology, 133: 24-33.

附 录

附表 1-1 部分禾本科牧草的特性

牧草种	牧草特性		
	适宜条件	分蘖类型/株丛类型	利用年限/a
饲用燕麦	寒冷干燥气候，喜阳光，不耐高温，较不抗倒伏；黏壤土或砂壤土最宜，适应中性或微碱性土壤	疏丛型下繁草	1
燕麦草	温和湿润气候，比较耐寒；有一定的抗旱性和耐盐性，对土壤的要求不严格	疏丛型上繁草	3~4
饲用小黑麦	根据品种不同，适于高寒带、寒温带和暖温带，抗寒力强；不耐盐碱	疏丛型上繁草	1
无芒雀麦	广泛分布于北温带地区，耐旱性与耐寒性较好，也具耐热性；耐瘠薄，除过酸、过碱土壤外一般均适宜	根茎型上繁草	6~10
针茅	中温带至寒温带，也适应高寒气候；抗旱性强，耐践踏；以中性至微碱性土壤最宜	密丛型下繁草	4~8
老芒麦	主要是寒温带，具较好的抗寒性，能适应高寒气候，旱中生，干旱地区需一定灌溉；对土壤的要求不严格，较耐瘠薄	疏丛型上繁草	6~10
披碱草	适应性广，较喜冷凉湿润气候，耐寒；具较好抗旱性，对土壤的要求不严，并具较好的耐盐碱性	疏丛型上繁草	3~4
冰草	寒冷干燥气候，抗寒、抗旱，耐牧性佳，春季返青早，秋末、冬初枯黄迟	疏丛型下繁草	5~6
羊茅	广泛分布于温带地区，喜凉爽湿润气候，耐寒；发育较缓慢，适应中性或微酸性土壤	密丛型上繁草	7~8
白羊草	适应性强，亚热带至温带均有分布；较耐旱、耐贫瘠，对土壤质地要求不严格，适应中性或微碱性土壤	根蘖型下繁草	4~8

(续)

牧草种	牧草特性		
	适宜条件	分蘖类型/株丛类型	利用年限/a
多年生黑麦草	温暖气候，抗寒、耐旱性不佳，年降水量1 000~1 200 mm时最佳；不耐盐碱	密丛型上繁草	3~4
多花黑麦草	喜温暖湿润气候，均温20℃左右时生长最佳、有一定的耐盐碱性，壤土或黏土均可种植	疏丛型上繁草	1
草地早熟禾	寒温或温暖气候，不耐高温，有一定的抗寒性，耐旱性强；耐践踏，适应中性或微酸性土壤	根茎-疏丛型下繁草	8~10
苏丹草	适应性极强，最适宜干燥温暖气候，不太耐寒；土壤要求不严，砂土至重黏土、盐碱土上均可良好生长	疏丛型上繁草	1
鸭茅	适应性广，分布于温带地区；较为耐寒耐旱，也较耐阴；壤土或黏土均可，产量随土壤肥力变化较大	疏丛型上繁草	6~10
草地看麦娘	寒冷湿润气候，不耐旱，但较耐水淹；对土壤要求不严，黏壤土最佳，适应中性至微酸性土壤	根茎-疏丛型下繁草	8~10
狗牙根	分布遍及暖温带，抗寒性较差，但耐旱性和耐热性较好；有一定的耐水淹特性，适应中性土壤	匍匐型下繁草	3~6

附表1-2　部分豆科牧草的特性

牧草种	牧草特性		
	适宜条件	分蘖类型	利用年限/a
紫花苜蓿	品种繁多，适应性广，温带最佳；不耐积水，不耐高温，喜光，年降水量500~1 000 mm最宜，适应中性至微碱性土壤	轴根型	6~10
黄花苜蓿	喜温暖湿润气候，有耐寒性，有耐盐碱性，但较不耐瘠薄且对水分有一定要求，适应中性至碱性土壤	根蘖型	4~7
红三叶	暖温带适宜，不耐积水且抗旱性较差；年降水量400~1 000 mm，较高降水区域需保证排水良好；最喜壤土	轴根型	2~4
杂三叶	温带或寒温带，喜湿润，有一定的耐积水性，但不耐旱；年降水量800 mm左右最佳	匍匐型	4~5

(续)

牧草种	牧草特性		分蘖类型	利用年限/a
	适宜条件			
白三叶	喜温暖湿润气候,有一定的耐旱性,不耐水涝,耐寒性较好;最喜黏性土壤,但砂质土也可种植		匍匐型	4~8
红豆草	喜温暖干燥气候,耐旱性较强,有一定的抗寒性;较为适应中性或微碱性土壤		轴根型	6~10
沙打旺	适应温暖或冷凉气候,防风固沙能力强,具一定的耐旱与抗寒性、耐盐碱、耐瘠薄,但不耐水涝		根蘖型	6~10
草木樨	主要是温带,有一定的抗旱性及抗寒性,但仍喜湿润;对土壤要求不严,较耐盐碱,不耐酸性土壤		轴根型	1~2
毛苕子	寒温带或暖温带,喜凉爽,不耐高温,抗寒性与耐旱性较好,但耐涝性差,适应中性、微酸性或微碱性土壤		匍匐型	1
百脉根	温暖湿润气候,有一定的耐旱性,但耐寒力较差,不耐水涝,适应中性与酸性土壤		轴根型	4~5
箭筈豌豆	寒温带或暖温带,有耐旱能力,不耐水涝,有一定的抗寒性,不耐盐碱,但较耐瘠薄		匍匐型	1
饲用豌豆	寒温带或暖温带,能适应高寒气候;抗寒性与耐旱性较好,较耐瘠薄,适应中性与微碱性土壤		匍匐型	1
达乌里胡枝子	中温带或寒温带,耐干旱、耐寒、耐瘠薄,对轻度盐碱有耐性,但不耐水涝		轴根型	3~6
扁蓿豆	干燥寒冷气候,耐旱能力强,适应高寒气候;对土壤的适应性较广,产草力随水肥条件变化较大		轴根型	4~6
山野豌豆	中温带或寒温带,有较强的抗寒、抗旱、抗风沙能力;耐瘠薄,兼有一定的耐涝性;以中性至微酸性土壤最佳		匍匐型	4~6
紫云英	温暖湿润气候,较不抗旱,耐阴;在排水良好的前提下,对土壤要求不严格		根蘖型	2

编写:杨　轩　审稿:田莉华